阿波罗

一部看得见的航天史

〔英〕扎克·斯科特／著　陈朝／译

CRS　K 湖南科学技术出版社　博集天卷 CS-BOOKY

"我相信，这个国家应当投身于这一目标：在这个十年结束之前，让人类登上月球，再安全返回地球。在这个时代，任何改变人类的太空计划都无法超越它。"

美国前总统 肯尼迪 1961年5月25日

序言
INTRODUCTION

　　"阿波罗"计划从 1961 年运行到 1972 年，将永远作为人类奋斗的里程碑被人类铭记。它是历史上第一次使人类离开我们的星球，去探索另一个世界的征程。它的成就本身已经令人震惊，还不论为达成这样的成就所付出的难以估量的努力。巨大的技术跨越，海量的资金支持和人数众多、技术高超的工作团队都是使计划成功的重要因素。"阿波罗"计划拥有的资源投入是一个国家在和平时期能提供的最大的投入。在鼎盛时期，它共雇用了 40 万人，前后花费了 240 亿美元，可折合今天的 1100 亿美元。

　　美国将如此巨大的资源投入这一项目，原因在于和苏联一起参与的太空竞赛。作为第二次世界大战的遗产，政治和经济上深刻的分歧让两个超级大国产生竞争，引发了冷战。尽管双方没有发生正面的武装冲突，两国还是不断寻求优势以便威慑对方。通过发展宇航技术，双方不仅展示了自己是多么的先进，还暗示了它们能够在世界任何地方投放核弹的能力。1957 年，苏联已经发射了第一颗卫星（"斯普特尼克"1号），后来又将第一名宇航员尤里·加加林（Yuri Gagarin）在 1961 年 4 月 12 日送上了太空。美国明显落后了。为了赶上苏联，肯尼迪总统提出了挑战："让一个人类登上月球，再安全地返回地球。"于是，"阿波罗"计划诞生了。

　　"阿波罗"计划是美国国家航空航天局（NASA）运行的第三个载人航天工程。最早的工程"水星"计划始于 1958 年，结束于 1963 年。它的主要目标是送一台载人航天器进入地心轨道，完成四次飞行。NASA 证明了它们可以将人送入太空后，就开始了"双子星座"计划，这一计划在 1961 年到 1966 年与"阿波罗"计划并行。它的目标是测试"阿波罗"计划中必要的太空旅行技术。"双子星座"计划主要研发和论证了两架航天器在太空中对接的技术，这对于月球着陆至关重要。

　　"水星"计划与"双子星座"计划帮助 NASA 的科学家、工程师和宇航员尽可能地做好了准备。但是"阿波罗"计划还有更多挑战需要面对。对投身于任务的数千人来说，通过他们的决心、专注和协作的努力，"阿波罗"计划成了人类成就的巅峰，也永远证明了人类一族在设定伟大目标后能够达到的成就。

MOON

航天器   2
"阿波罗"计划中使用的飞船、火箭和地面设备

任务   32
"阿波罗"1 号到 17 号任务,以及无人任务、"阿波罗"-联盟
测试计划和天空实验室计划

人员   68
曾经踏上月球的 12 名宇航员

更多   94
关于"阿波罗"计划和月球的统计数据、事实、信息图

索引   146

航天器
MACHINERY

为了实现让人类登上月球再安全返回的目标，NASA的科学家决定使用他们称之为"月球轨道交会"的技术。这意味着他们会发射一艘宇宙飞船，携带着月球着陆器进入月球轨道。一旦到达月球轨道，着陆器就会分离并带着成员降落到月球表面以便他们探索月球。当航天员回程时，他们会乘坐登月设备的一部分发射升空，回到轨道上的飞船。他们回到主飞船之后，就会抛弃登月设备再返回地球。主飞船被称为指挥／服务舱，而登月设备则叫作登月舱。

这些飞船不会拥有自己前往月球的能力。为了摆脱地球引力的牵制，需要一枚巨型火箭，于是人们制造了"土星"5号运载火箭（Saturn V）。它是一台三级火箭，也就是说它有三个部分可以逐一点火，每一个部分在使用之后都可以分离。拉丁文数字"V"是5的意思，表示共有五台F1火箭发动机，用以在发射时将火箭推上天空。

除了送人类到达月球而知名的"土星"5号运载火箭，"阿波罗"计划也使用了其他更小的火箭。早期的无人任务中使用了"小乔"2号（Little Joe II）、"土星"1号（Saturn I）和"土星"1B号（Saturn IB），用于测试火箭和导航技术，并为未来的载人任务收集数据。除了"土星"5号，"土星"1B号是任务中唯一曾经载人的火箭，仅有过一次载人飞行。

发射逃逸系统

这一系统连接到指挥舱中机组成员乘坐的飞船，并安装了固体燃料火箭。它的功能是发生紧急情况时可以迅速让指挥舱和火箭其余部分脱离，特别是有迫在眉睫的灾难威胁宇航员时。例如即将爆炸时，它可以在海拔30千米内使用。

设备模块

这一模块安装在"土星"5号运载火箭的第三级火箭之上。它的设备呈环状排列，为火箭导航。它包含这些组件：计算机、控制设备、加速度计、陀螺仪。当使用完成后，它会被抛下飞船并进入地球或太阳轨道，或者落到月球上坠毁。

尾翼

任意一枚"土星"号火箭上都有尾翼，围绕在第一级火箭的发动机周围。它们安装于此，提供空气动力学的稳定性。

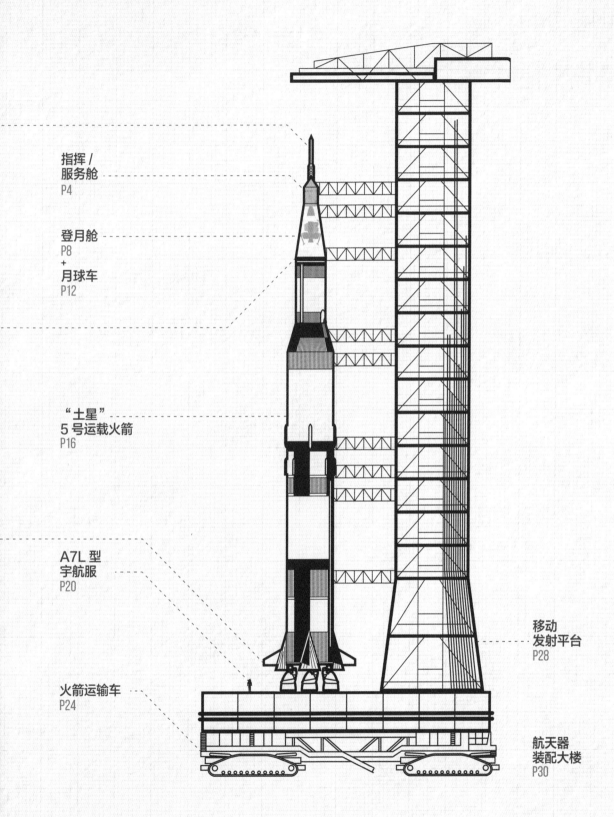

指挥 /
服务舱
P4

登月舱
P8
+
月球车
P12

"土星"
5 号运载火箭
P16

A7L 型
宇航服
P20

火箭运输车
P24

移动
发射平台
P28

航天器
装配大楼
P30

3

指挥 / 服务舱
COMMAND/SERVICE MODULE CSM

指挥 / 服务舱（CSM）分为两部分：指挥舱（Command Module, CM）和服务舱（Service Module, SM）。这两部分在任务进入最后阶段之前始终连接在一起。

三名宇航员会乘坐指挥舱，舱中注入氧气与氮气，并调节成适宜的温度。他们端坐在调整好的座位上，座位位于仪器和控制设备之后，可以根据任务的不同阶段和飞行状态朝向不同方向。指挥舱的五个舱窗可以看到外面的宇宙空间，也用于在和登月舱对接时进行引导。指挥舱有 12 个推力器，在和服务舱分离之后启用，用于控制它返回地球大气层。

俯仰推力器
又叫反应控制喷气嘴。指挥舱上有 12 个推力器，用于控制偏摆、俯仰和翻滚。每一个推力器可以产生 445 牛的推力，可以在 12 毫秒到 500 秒之间爆发。

储藏室

横滚推力器

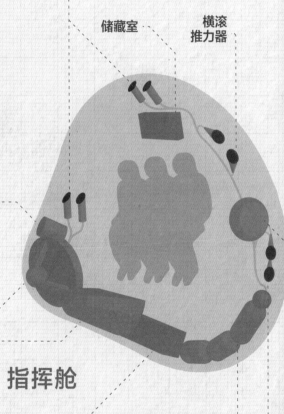

指挥舱

稳定减速伞
在回到地球大气层后，阻力会将飞行器的速度降低到 480 千米每小时，稳定减速伞就会打开，将指挥舱的速度降低到 200 千米每小时。

对接系统
用于对接指挥舱和登月舱，也用于宇航员在对接后在两舱之间移动。

主降落伞
主降落伞会在稳定减速伞之后展开，将飞行器的速度降低到 35 千米每小时。安全降落需要展开 2 ~ 3 个降落伞。

储藏室
位于指挥舱，它们存放科学仪器，以及可以供三个人吃上 11 天的食物。

反应控制燃料、氧化剂和压力罐

偏航推力器

4

燃料罐
在排空之前，这些燃料罐会一直给燃料箱输送燃料。

燃料箱
这个装置直接给发动机提供燃料。

服务舱发动机
提供 91000 牛的推力。

四向推力器
有 4 个四向推力器位于服务舱，相当于 16 个喷气嘴。

服务舱

喷嘴扩展裙

氢气罐
为燃料室提供氢气。

高增益天线
用于和地球的远距离通信。

氧气罐
为燃料电池和环境控制系统提供氧气。

氧化剂箱
这些容器直接向发动机提供氧化剂。

饮用水

氧化剂罐
这些氧化剂罐会一直向氧化剂箱输送氧化剂直到用尽。

燃料电池
混合氧气和氢气用于供电。

　　服务推进系统（Service Propulsion System，SPS）发动机挂载在服务舱上。在"土星"5号运载火箭用完并分离后，这一系统提供了主要的推力。服务舱的反应控制系统（Reaction Control System，RCS）连接了四台四向推力器，用于调整飞船。服务舱内是燃料和氧化剂罐，以及用于将推进物送入发动机的压力罐。服务舱中也安装了燃料电池和化学电池，为指挥舱提供电力。在任务快要结束，飞船准备进入大气层时，服务舱会和指挥舱分离，只有指挥舱带着任务成员返回地球。空气的摩擦力会让服务舱在返回大气层时燃烧完毕。

指挥 / 服务舱

总质量：　30080 千克
净重：　　11165 千克

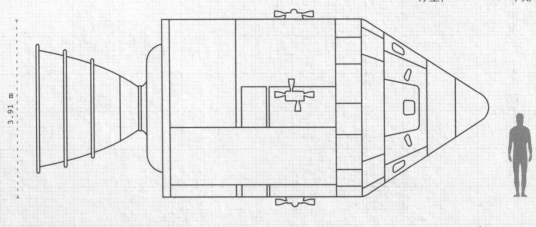

3.91 m

11.0 m

指挥舱

成员：	3 人
总质量（含成员）：	5560 千克
未装载质量：	5150 千克
可活动空间：	5.9 立方米
加压空间：	7.65 立方米
携带饮用水：	15 千克
携带废水：	26.5 千克
总电量：	121.5 安
减速伞：	2×5 米
飞行员降落伞：	3×2.2 米
主降落伞：	3×25.4 米

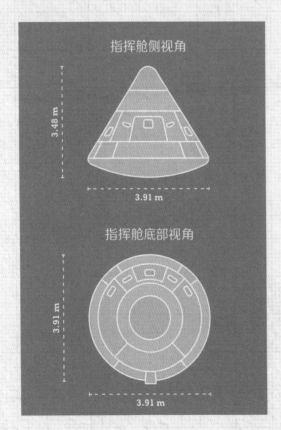

指挥舱侧视角

3.48 m

3.91 m

指挥舱底部视角

3.91 m

3.91 m

指挥舱内部空间

服务舱

总质量：	24520 千克
未装载质量：	6015 千克

服务舱贮罐

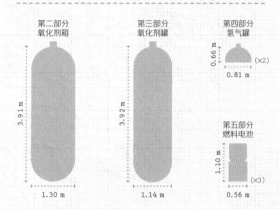

第二部分
氧化剂箱
3.91 m
1.30 m

第三部分
氧化剂罐
3.92 m
1.14 m

第四部分
氢气罐
0.66 m
0.81 m (×2)

第五部分
燃料电池
1.10 m
0.56 m (×3)

第一部分
第六部分
第二部分
第五部分
第三部分
第四部分

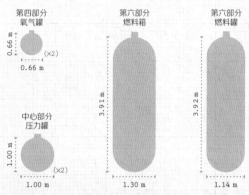

第四部分
氧气罐
0.66 m
0.66 m (×2)

第六部分
燃料箱
3.91 m
1.30 m

第六部分
燃料罐
3.92 m
1.14 m

中心部分
压力罐
1.00 m
1.00 m (×2)

服务舱的反作用控制系统

推力器：	16 个
推力（每个）：	450 牛
燃料：	一甲基肼
氧化剂：	四氧化二氮
燃料质量：	200 千克
氧化剂质量：	410 千克

服务舱推进系统

发动机：	AJ10-137
推力：	91000 牛
燃料：	航空肼 50
氧化剂：	四氧化二氮
燃料质量：	6915 千克
氧化剂质量：	10980 千克

指挥舱反作用控制系统

推力器：	12 个
推力：	420 牛
燃料：	一甲基肼
氧化剂：	四氧化二氮
燃料质量：	24 千克
氧化剂质量：	48 千克

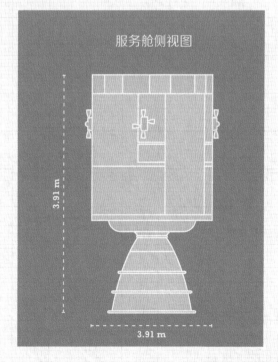

服务舱侧视图

3.91 m

3.91 m

登月舱 LUNAR MODULE LM

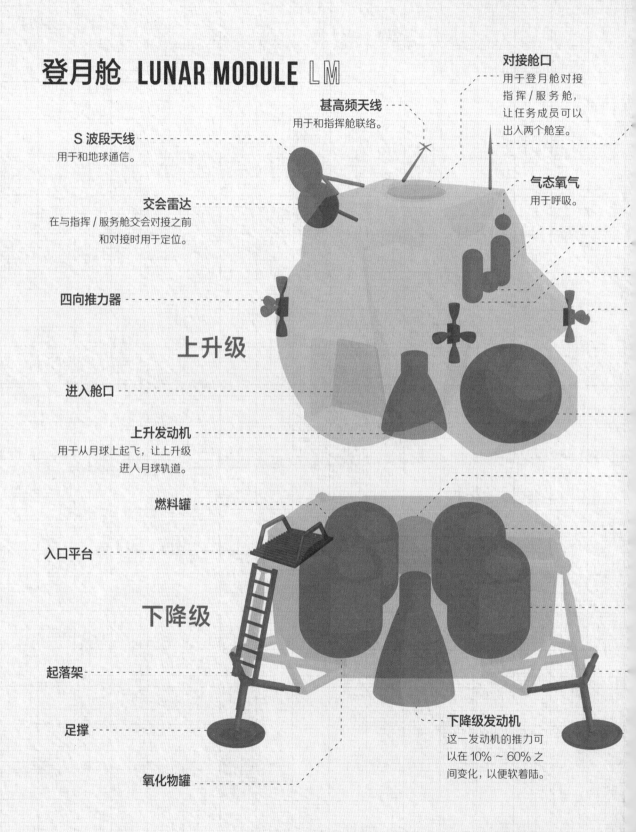

对接舱口
用于登月舱对接指挥 / 服务舱，让任务成员可以出入两个舱室。

甚高频天线
用于和指挥舱联络。

S 波段天线
用于和地球通信。

气态氧气
用于呼吸。

交会雷达
在与指挥 / 服务舱交会对接之前和对接时用于定位。

四向推力器

上升级

进入舱口

上升发动机
用于从月球上起飞，让上升级进入月球轨道。

燃料罐

入口平台

下降级

起落架

足撑

下降级发动机
这一发动机的推力可以在 10% ~ 60% 之间变化，以便软着陆。

氧化物罐

舱外活动天线
用于舱外活动的宇航员
和登月舱联络。

反应控制系统燃料罐

反应控制系统压力罐

反应控制系统氧化物罐

四向推力器
和服务舱上的一样,
总共有 16 个每组 4 个
推力器。

上升级燃料罐

压力罐

氧化物罐

燃料罐

二级阻尼器

一级阻尼器

登月舱包含两部分:下降级和上升级。这两部分连为一个单元,在宇航员要离开月球表面时指导他们。登月舱有四条承重腿,用于在月球时支撑自身,它们在"土星"5 号运载火箭运载过程中会折叠起来节省空间,只有到了月球轨道才会展开。登月舱只能在真空中操作,它的空气动力学设计不适合在大气层内飞行。

在下降级上安装有下降级推进系统(Descent Propulsion System,DPS),这个系统在飞船着陆时用于减速,也给宇航员足够的时间悬空挑选适合的着陆地点。DPS 包括压力罐、氧化物罐和燃料罐,以及发动机和把它们连接在一起的装置。在后期的任务中,月球车也安装在下降级上。当任务成员准备好离开月球后,下降级会和上升级分离,成为一个发射平台。"阿波罗"任务最终在月球表面留下了 6 台登月舱下降级。

上升级是任务成员的小空间,可以搭载两人,以及飞行控制系统和其他仪器。内部有着纵横交错的吊床,以便航天员休息、睡觉。它像指挥舱一样拥挤,外部也安装了 4 组四向反应控制系统推力器用于操作。如果指挥舱推进器停止工作,登月舱推力器也可以用于推进飞船。上升级也包含上升级推进系统(Ascent Propulsion System,APS),当月球表面任务结束需要起飞时启用。一旦进入轨道,在任务成员返回指挥舱之后,登月舱上升级就会被分离射入太阳轨道或者在月球上坠毁。

登月舱

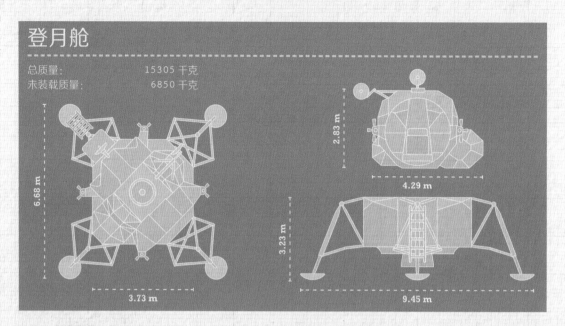

总质量： 15305 千克
未装载质量： 6850 千克

6.68 m
3.73 m
2.83 m
4.29 m
3.23 m
9.45 m

登月舱上升级

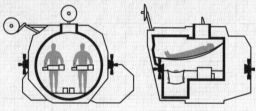

成员：	2 人
总质量（含成员）：	4700 千克
未装载质量：	2150 千克
可活动空间：	4.5 立方米
加压空间：	6.7 立方米
携带水：	38.6 千克
电池：	2 节
总电量：	592 安

上升级推进系统

发动机：	贝尔 LMAE
推力：	16000 牛
燃料：	航空肼 50
氧化剂：	四氧化二氮
燃料质量：	785 千克
氧化剂质量：	1570 千克

反应控制系统

推力器：	16 个
推力（每个）：	440 牛
燃料：	一甲基肼
氧化剂：	四氧化二氮
燃料质量：	97 千克
氧化剂质量：	190 千克

登月舱上升级存储

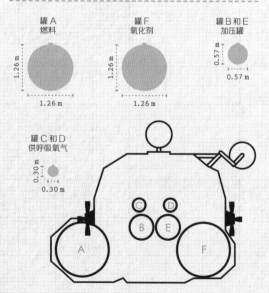

罐 A
燃料
1.26 m
1.26 m

罐 F
氧化剂
1.26 m
1.26 m

罐 B 和 E
加压罐
0.57 m
0.57 m

罐 C 和 D
供呼吸氧气
0.30 m
0.30 m

登月舱下降级

总质量: 10335 千克
未装载质量: 2150 千克
电池: 2 节
总电量: 592 安
携带水: 150 千克
承重腿: 4 条
足板直径: 0.91 米

登月舱推进系统

发动机: TRW LMDE
推力: 45040 牛
燃料: 航空肼 50
氧化剂: 四氧化二氮
燃料质量: 2735 千克
氧化剂质量: 5300 千克

登月舱下降级存储

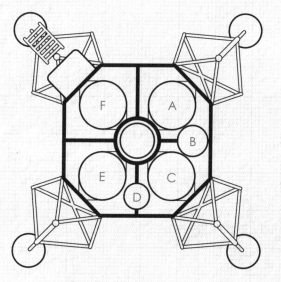

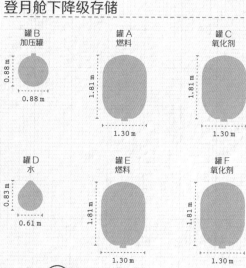

罐 B
加压罐
0.88 m
0.88 m

罐 A
燃料
1.81 m
1.30 m

罐 C
氧化剂
1.81 m
1.30 m

罐 D
水
0.83 m
0.61 m

罐 E
燃料
1.81 m
1.30 m

罐 F
氧化剂
1.81 m
1.30 m

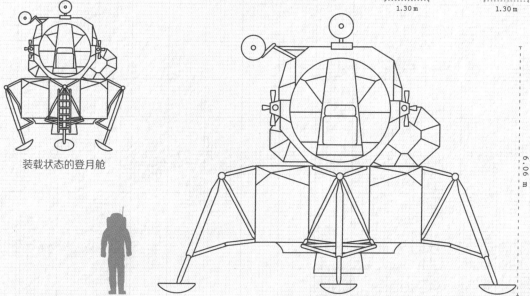

装载状态的登月舱

6.06 m

月球车
LUNAR ROVING VEHICLE LRV

1971年"阿波罗"15号第一次使用的"阿波罗"月球车，被很多人称为"月球小虫"。一共有四台月球车被制造出来，在"阿波罗"16号和17号上又使用了两次。它的设计目的是让宇航员可以探索更广大的月球区域，之前靠步行是做不到的。在早期的月球着陆任务中，宇航员受限于笨重的太空服和各种设备，只能在登月舱附近短程步行。

月球车是一种四轮车辆，靠电力驱动，设计最大速度为13千米每小时。它可以承载两倍于自身的重量，可以轻松地在月球表面运送两名宇航员、他们的设备和月岩标本。和普通的汽车不同，月球车用一个独立的"T"形操纵杆控制，而不是用方向盘和踏板。这个操纵杆可以操作四台驱动马达和两台转向马达。前后轮都可以转向，让月球车可以转非常小的弯，打开操纵杆上的一个开关，再向后拉操纵杆就可以倒车，直接向后拉操纵杆则是刹车。在月球车前面安装了彩色电视摄像机，较之之前的任务，可以拍摄质量更高的图像。

月球车被证明非常可靠，只有过一两次微小的意外。在17个月相对非常短的时间内设计、建造和测试，月球车却能够在"阿波罗"15到17号中帮助宇航员取得重要科学发现。三辆月球车到了月球，直到今天还留在那里。就像登月舱的下降级一样，月球车也被设计为在航天员返回地球后继续留在那里。

手动操纵杆

这个操纵杆安装在两个座位之间，用以控制四台驱动马达、两台转向马达和刹车。

同伴二级生命支持系统

一组软管和连接器，在一名宇航员的生命支持系统损坏后，可以让两名宇航员共享便携系统中的冷却水。

后部运载箱

在这里存放工具、科学仪器以及月岩样本。

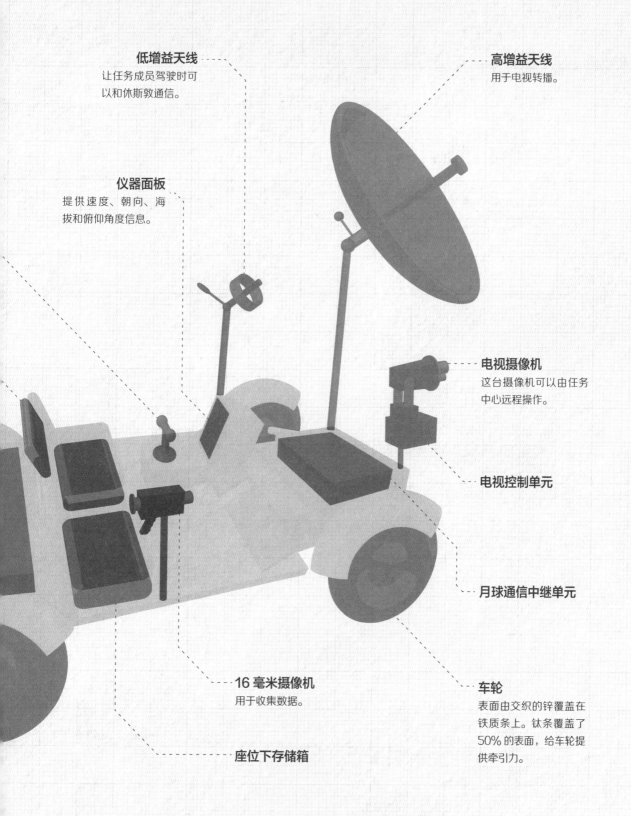

低增益天线
让任务成员驾驶时可以和休斯敦通信。

高增益天线
用于电视转播。

仪器面板
提供速度、朝向、海拔和俯仰角度信息。

电视摄像机
这台摄像机可以由任务中心远程操作。

电视控制单元

月球通信中继单元

16 毫米摄像机
用于收集数据。

车轮
表面由交织的锌覆盖在铁质条上。钛条覆盖了50% 的表面，给车轮提供牵引力。

座位下存储箱

月球车

折叠状态顶部视角

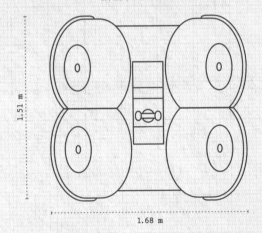

1.51 m
1.68 m

装载质量：	726 千克
未装载质量：	210 千克
最大速度：	14 千米 / 小时
轮距：	2.3 米
离地高度：	0.35 米
转向半径：	3.05 米
电池：	2 节
总电量：	242 安
电压：	36 伏
行驶距离：	92 千米

月球车轮

车轮：	4 个
能量（每个）：	190 瓦
质量（每个）：	5.4 千克
直径：	0.81 米
宽度：	0.23 米

折叠状态后方视角

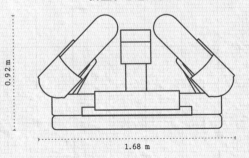

0.92 m
1.68 m

		后方	侧方
月球车	1.		
折叠			
展开	2.		
顺序			
	3.		

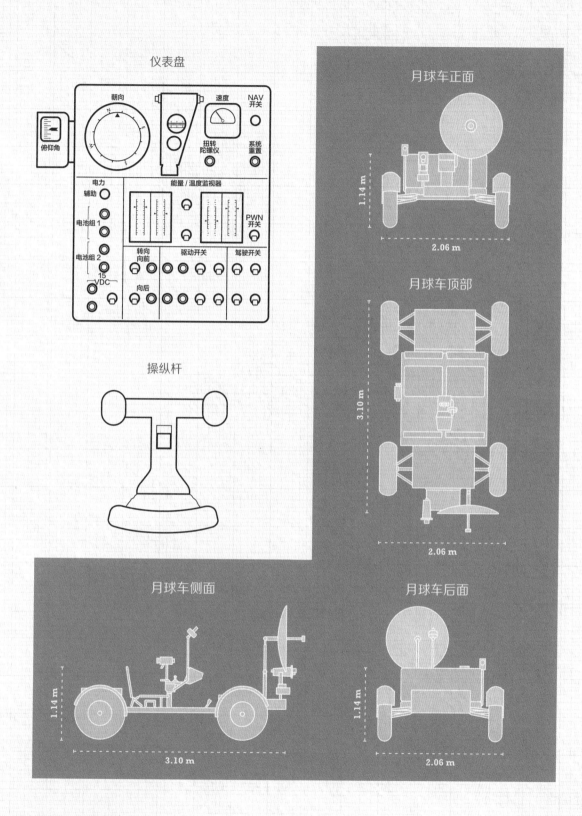

仪表盘

朝向
俯仰角
速度
NAV开关
扭转陀螺仪
系统重置

电力
辅助
能量 / 温度监视器
电池组 1
电池组 2
PWN开关
15 VDC
转向 向前
驱动开关
驾驶开关
向后

操纵杆

月球车正面
1.14 m
2.06 m

月球车顶部
3.10 m
2.06 m

月球车侧面
1.14 m
3.10 m

月球车后面
1.14 m
2.06 m

"土星"5号运载火箭
SATURN V ROCKET SAT V

"土星"5号运载火箭作为最大也是最强力火箭的纪录已经保持了50年。1966年到1973年，共有13枚"土星"5号运载火箭发射升空，不仅支持了"阿波罗"计划，也将"天空实验室"空间站送入太空。制造一台"土星"5号运载火箭的花费约1.85亿美元（超过今天的10亿美元），而且这种巨型火箭的每一部分都会在任务中被抛弃。

第一级 S-1C

S-1C是"土星"5号运载火箭的第一级。5台巨型的F-1发动机点火，让火箭从发射平台上飞行到距地球68千米处，速度高达9200千米每小时。当所有燃料用光后，发动机熄火，爆炸装置炸开，让第一级和级间环断开。S-1C会在发射地点至少500千米外落入大海。

燃料罐

1型火箭推进剂（Rocket Propellant-1, RP1）是第一级使用的燃料。这是一种高度提纯的煤油，和航空油很接近。它比氢气更不易爆炸，且能提供每单位更多的推力。

F1火箭发动机（×5）

F1是人类史上最强大的单喷嘴液体燃料火箭发动机。一个严格居于中心，四个在外部围绕着它，以保证火箭在大气层中飞行的朝向。每一台发动机1秒内会燃烧1565升氧化物和976升燃料，而且可以承受燃烧时的极端温度。

氧化物罐

存储着液态氧气。多种火箭发动机中，液氧都作为氧化剂。

级间环

包含8台小型火箭发动机，将环与第二级火箭分离。

第三级 S-IVB

这一级火箭会被点火两次。第一次是在第二级分离后，点火 2.75 分钟，将飞船安全送入地球轨道，速度达到 28000 千米每小时。之后会第二次点火，飞向月球，速度达到 39000 千米每小时。当第三级火箭燃尽时，它可能进入太阳轨道，也可能坠落到月球。

第二级 S-II

第二级会将飞船加速使其进入大气层上层，将火箭及载荷运送到 175 千米高空，速度达到 24600 千米每小时，接近轨道速度。它会点火 6 分钟，之后和第三级分离，落入地球，和发射地点至少相距 4000 千米。

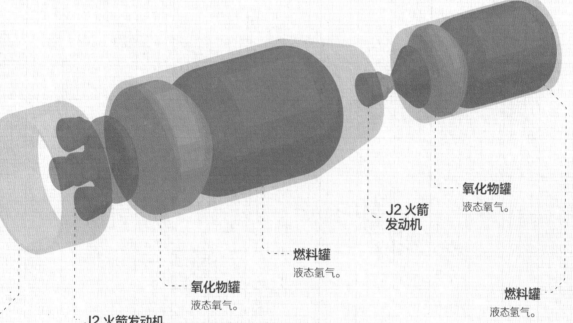

氧化物罐
液态氧气。

J2 火箭发动机

燃料罐
液态氧气。

氧化物罐
液态氧气。

J2 火箭发动机
在宇宙真空中它们能提供 1033000 牛的推力，在海平面则只能提供一半推力。它们在运行的过程中经历过多次升级。

燃料罐
液态氢气。

火箭由沃纳·冯·布劳恩（Wernher Von Braun）设计，当时他领导了一队科学家在陆军火箭设计部门工作。"土星"号火箭的总体表现稳定。但也有两次，"阿波罗" 6 号和 13 号，火箭发射时遭遇过发动机熄火。然而它依然能处理好这种突发状况，依靠余下的发动机工作更久来弥补损失，并最终完成任务。在长达七年的服役中，"土星" 5 号运载火箭从未损失过载荷。

"土星"5号运载火箭

S-IVB 第三级

装载后质量：	123000 千克
未装载质量：	13500 千克
发动机型号：	J2
发动机数量：	1 个
推力：	1001 千牛
氧化剂：	液态氧
燃料：	液态氢
氧化剂质量：	90500 千克
燃料质量：	19000 千克
点火时间：	165+335 秒
	（两次点火）

S-II 第二级

装载后质量：	480900 千克
未装载质量：	53900 千克
发动机型号：	J2
发动机数量：	5 个
推力：	4400 千牛
氧化剂：	液态氧
燃料：	液态氢
氧化剂质量：	358000 千克
燃料质量：	69000 千克
点火时间：	367 秒

S-IC 第一级

装载后质量：	2280000 千克
未装载质量：	190000 千克
发动机型号：	F1
发动机数量：	5 个
推力：	33850 千牛
氧化剂：	液态氧
燃料：	RP1
氧化剂质量：	1440000 千克
燃料质量：	650000 千克
点火时间：	150 秒

"土星"5号运载火箭综合信息

装载后质量：	2883900 千克
未装载质量：	257400 千克

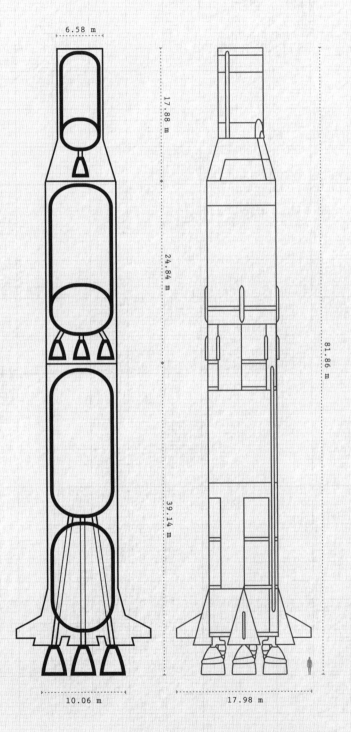

6.58 m

17.88 m

24.84 m

81.86 m

39.14 m

10.06 m

17.98 m

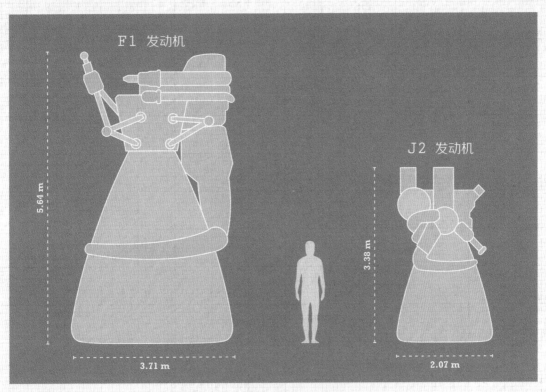

F1 发动机

质量（净重）：	8400 千克
推力：	6770 千牛
腔内压力：	6650 千帕
点火温度：	3300 摄氏度
氧化剂：	液态氧
燃料：	RP1
氧化剂消耗速度：	1790 千克 / 秒
燃料消耗速度：	788 千克 / 秒

J2 发动机

质量（净重）：	1438 千克
推力：	1033 千牛
腔内压力：	5260 千帕
点火温度：	3180 摄氏度
氧化剂：	液态氧
燃料：	液态氢
氧化剂消耗速度：	204 千克 / 秒
燃料消耗速度：	37 千克 / 秒

"土星" 5 号运载火箭发动机设置

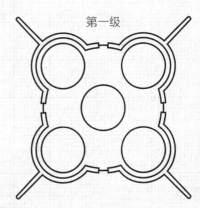

第一级

第二级

第三级

A7L 型宇航服
A7L SPACESUIT

甚高频天线
连接到便携式
生命维持系统
的无线电。

面罩
在月球表面时需戴上外层面罩。这
个面罩包裹了薄薄一层黄金，用于
反射有害的辐射，并维持头盔内适
宜的温度。

加压头盔
著名的"鱼缸"头盔用高强度的
聚碳酸酯材料制成，能为航天员
提供宽阔的视角。从"阿波罗"13
号起，头盔内多出一袋连着吸管
的水，延长了航天员在舱外活动
的时间。

便携式生命维持系统控制单元
可以监控和调节便携式生命维
持系统中的液体与电能。

脐带管线连接口

氧气净化系统

氧气净化阀门

生物医学接口垫带
在这个垫带下，有一个用于在
NASA 的医生指导下进行药物注射
的补丁。补丁是全封闭的，幸运的
是任务中并没有人使用过它。被垫
带挡住的是尿袋及转换连接器。

工具袋

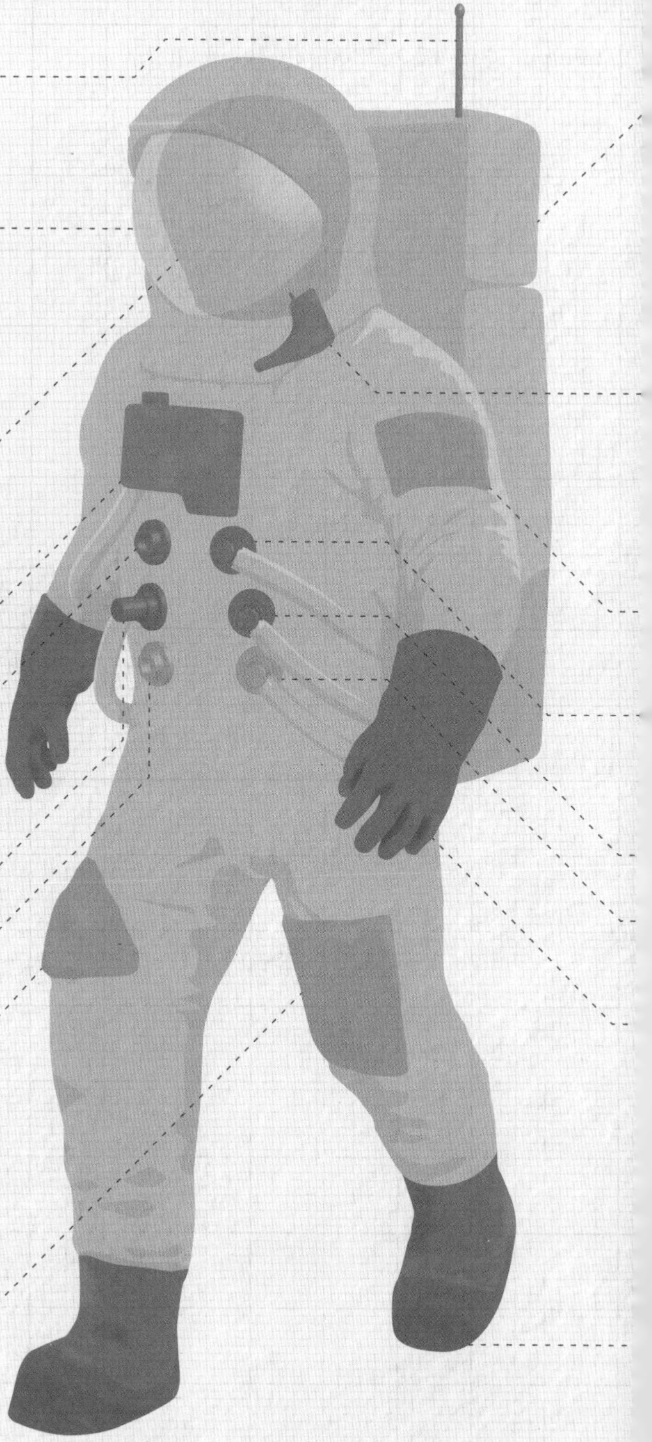

便携式生命维持系统

用背包携带，便携式生命维持系统包括氧气罐、水冷装置、双向无线电和一个电池驱动的供电系统。这些功能都通过脐带管线和宇航服连接。当主系统坏掉时，背包顶部的氧气净化系统可以提供呼吸用的氧气。

饮水袋

这个袋子装在压力服的颈圈之下，一根吸管从这里伸向航天员的嘴，在最后有一个阀，防止水漏在头盔里。

太阳镜口袋

水连接器

冷却水从这个脐带管道口流入流出宇航服。

氧气入口

氧气出口

手套

手套是多层的，内层手套和压力服相连，是用每一个航天员的手模定制的。这保证了他们可以有足够的敏感来操作仪器和工具。外层手套则耐磨得多，并且有隔热功能。

月球靴

外层的靴子耐磨，用金属丝编织而成，再装上橡胶皮鞋底。

"阿波罗"任务中使用的宇航服基于"双子星座"计划中航天员的装备，然而已经做了重大升级。所有"阿波罗"的航天员都穿着A7L型宇航服，后期任务中，包括"阿波罗"-联盟号任务和天空实验室任务，还使用了改进的版本。

宇航服本身包含五个主要分层。紧贴航天员皮肤的是液体冷却服，这是一件附有细细的管子的贴身衣服；之后是一层尼龙，用于保证舒适；再之后有一层压力气囊，让航天员在穿上压力服后可以方便地活动关节。在气囊之外还有一层尼龙，用于固定气囊。一个特制的拉链位于后背，从肩膀延伸到腰部。这个拉链不仅用于穿衣，也用于保持宇航服内的压力。最后是一层遮罩，穿在压力服之外。它被设计用于隔热，防止撕裂或磨破，以及防护微陨石。头盔和手套通过密闭金属环和压力服相连，同时靴子是一双保护用的靴套，套在宇航服必需的压力靴之外。在月球上时，头盔上还会戴上一个外部面罩，防止航天员的研究被有害的紫外线伤害。

背包叫作便携式生命维持系统（Portable Life Support System，PLSS），它让航天员可以离开宇宙飞船活动。它提供了可呼吸的氧气，同时冷却循环压力气囊中的氧气，并冷却循环液体冷却衣中的水。它还提供了双向的语音通信。A7L型宇航服是为每一个"阿波罗"航天员定制的，每人三套：一套用于任务，一套用于训练，还有一套备用。

A7L 型宇航服

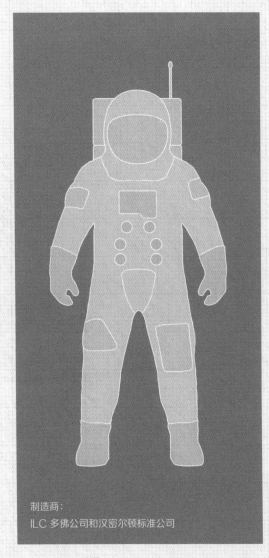

制造商:
ILC 多佛公司和汉密尔顿标准公司

宇航服

使用压力:	25.5 千帕
内容积:	0.12 ～ 0.15 立方米
内未使用的容积(在穿着时):	0.06 立方米
主生命维持系统能力:	6 小时
备用生命维持系统能力:	30 分钟
舱内活动宇航服质量:	28.1 千克
舱外活动宇航服质量:	34.5 千克

头盔

材质: 聚碳酸酯

25.4 cm

22.9 cm

面罩

外部: 金压膜聚碳酸酯
内部: 防紫外线塑胶玻璃

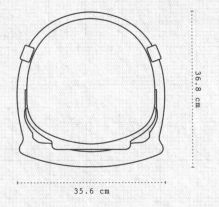

36.8 cm

35.6 cm

饮水袋

体积: 0.6 升

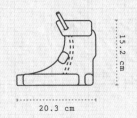

15.2 cm

20.3 cm

便携式生命维持系统

便携式生命维持系统

质量:	28.4 千克
氧气罐压力:	7000 千帕
电池:	279 瓦时
冷却水:	3.9 升

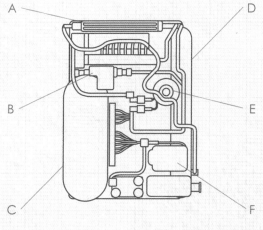

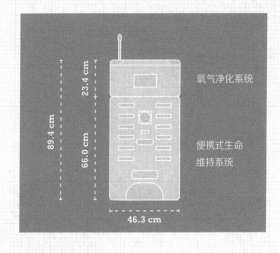

氧气净化系统

便携式生命
维持系统

A:	升华装置
B:	通风阀感应器
C:	主氧气瓶
D:	辅助水罐
E:	压力感应器
F:	电池

氧气净化系统

质量:	19.0 千克

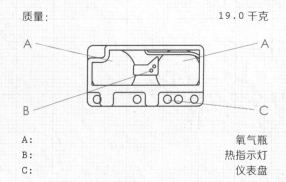

A:	氧气瓶
B:	热指示灯
C:	仪表盘

便携式生命维持系统控制单元

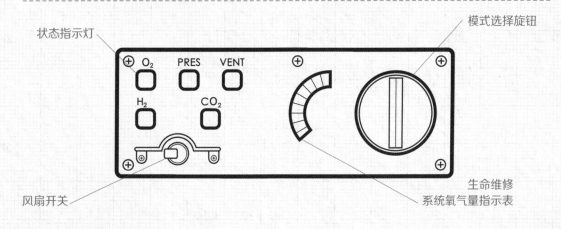

状态指示灯

模式选择旋钮

O₂   PRES   VENT

H₂   CO₂

风扇开关

生命维修
系统氧气量指示表

火箭运输车
CRAWLER-TRANSPORTER

　　"土星"火箭是如此巨大而沉重的机械，需要制造火箭运输车来将它送上发射点。制造完成的火箭运输车成了世界上最大的自走车辆。它的顶部宽广平直，比一个足球场还要大，它的每一条履带比一辆大巴车还要大，它的总重量超过2700吨。它通过位于前后两端的两个控制室来驾驶，顶部的每一端都可以独立升降，保证火箭可以在运输中保持垂直。共有两台火箭运输车被制造出来，目前依然在使用。

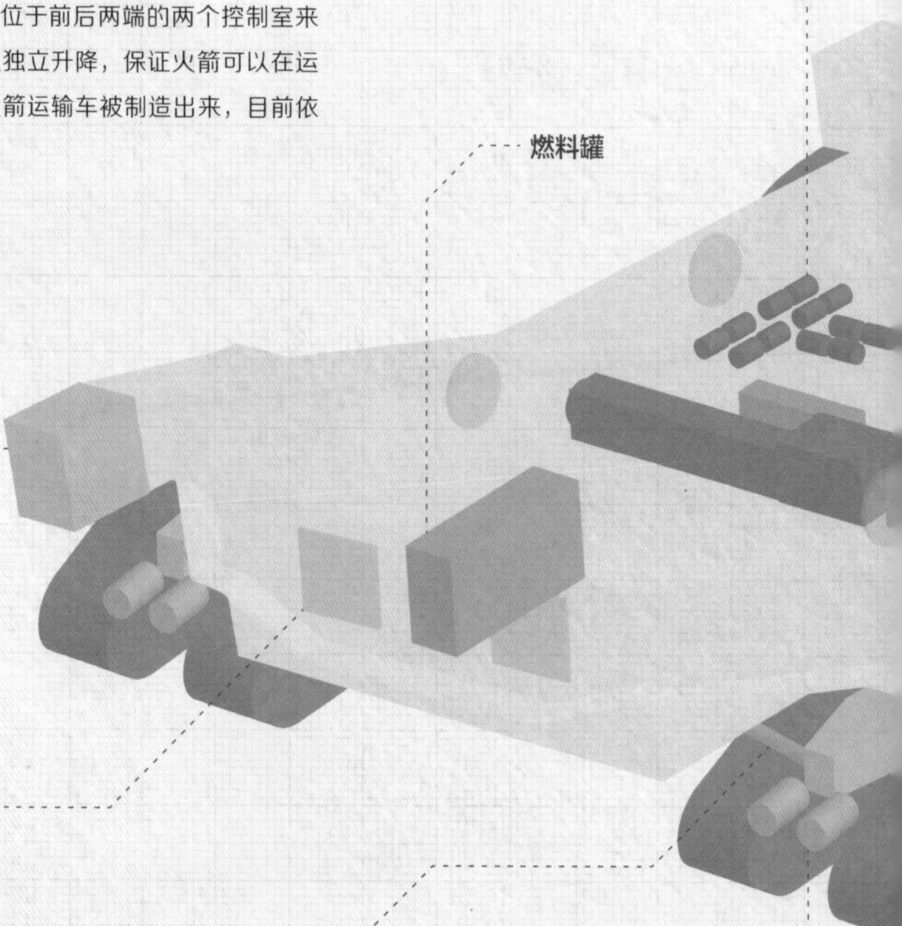

液压泵
转向系统集成了4个泵和8个专用于升降、均衡和调平的泵。

燃料罐

驾驶室
运输车可以从前后两端各自的一个驾驶室控制。

水冷装置

转向气缸
这些液压装置把各个履带连接到底盘上，提供车辆运转的动力。共有8个液压泵。

拖拽马达
8条履带每一条都有2个马达，整个车辆共有16个马达。

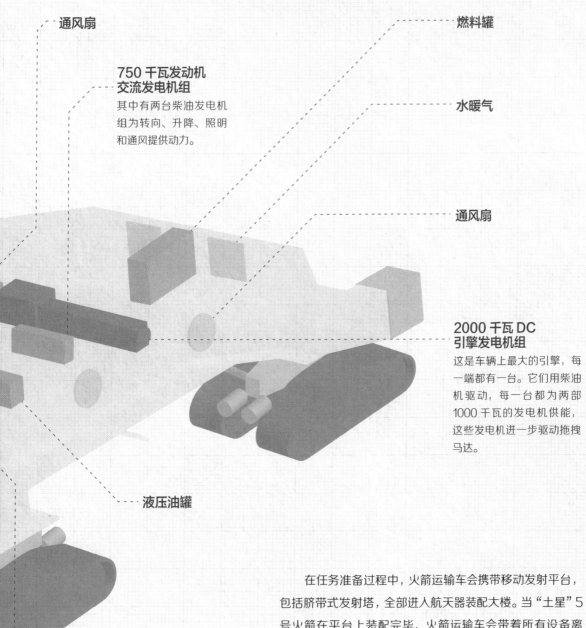

通风扇

750 千瓦发动机
交流发电机组
其中有两台柴油发电机
组为转向、升降、照明
和通风提供动力。

燃料罐

水暖气

通风扇

2000 千瓦 DC
引擎发电机组
这是车辆上最大的引擎，每
一端都有一台。它们用柴油
机驱动，每一台都为两部
1000 千瓦的发电机供能，
这些发电机进一步驱动拖拽
马达。

液压油罐

15 千瓦交流电发电机
这些发电机为移动发射平台
提供电力。

在任务准备过程中，火箭运输车会携带移动发射平台，
包括脐带式发射塔，全部进入航天器装配大楼。当"土星"5
号火箭在平台上装配完毕，火箭运输车会带着所有设备离
开大楼，行驶 6 千米到达发射点。这一趟旅程平均耗时 5
小时，在装有设备时，火箭运输车的最高速度可以达到 1.6
千米每小时。移动发射平台会被安置到发射点，火箭运输
车会回到一个安全位置。在发射结束后，火箭运输车还会
把发射平台带回航天器装配大楼。

火箭运输车

总质量：　　　　　　　　　2500000 千克
装载后最大速度：　　　　　3.22 千米 / 小时
未装载最大速度：　　　　　1.62 千米 / 小时

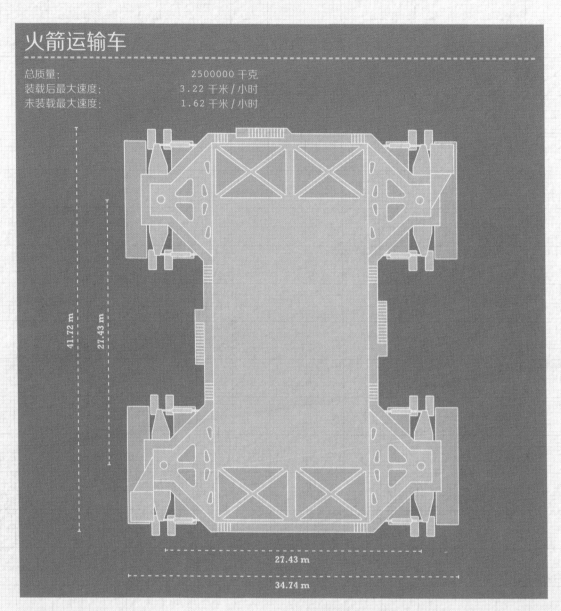

41.72 m

27.43 m

27.43 m

34.74 m

直流电系统（行驶）

引擎：	Alco 251
数量：	2 台
气缸（每台）：	16 个
动力（每台）：	275 马力
燃料：	柴油
发电机：	4 台
动力（每台）：	1000 千瓦

交流电系统（转向）

引擎：	White-Superior
数量：	2 台
气缸（每台）：	8 个
动力（每台）：	1065 马力
燃料：	柴油
发电机：	2 台
动力（每台）：	750 千瓦

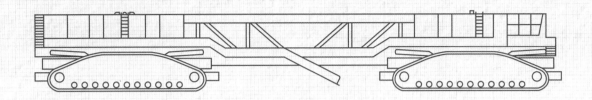

燃料

总量：   19000 升
燃料效率：   296 升 / 小时

载重量

底盘：   1000000 千克
移动发射平台：   3990000 千克
移动发射平台和"土星"5号(未装载)：4295000 千克

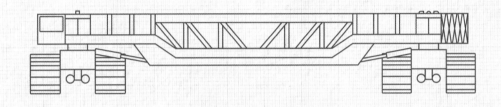

液压系统

转向

泵：   4 台
体积流率：   2.7 升 / 秒
系统压力：   35850 千帕

平衡与升降

泵：   8 台
体积流率：   4.55 升 / 秒
系统压力：   20700 千帕

底部

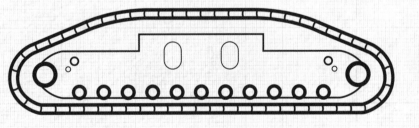

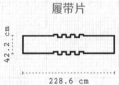

履带片

42.2 cm
228.6 cm

履带车（底部支架）：   4 组
履带：   8 组
拖拽马达：   16 台
拖拽马达动力（每台）：   375 马力

履带片

数量（每条）：   57 块
质量（每块）：   907 千克

移动发射平台
MOBILE LAUNCHER PLATFORM MLP

移动发射平台是为了在建造、运输和发射过程中支持"土星"5号而研发的。它本质上是一个巨大的金属盒子和一个与"土星"引擎对齐的盖子。发射过程中，盖子会正对着火箭朝下喷射出的火焰。共制造了三台移动发射平台，经过一系列升级，至今还在为其他发射任务服务。当固定不动时，共有六部支架将移动发射平台从地面支撑起6.7米，允许火箭运输车驶入。脐带式发射塔会立在移动发射平台之上。连接发射塔和"土星"火箭的扶臂为火箭提供消耗品以及各种服务。

起重机
锤头型起重机可以吊起22.5吨的物资，还可以360度旋转。

脐带式发射塔
120米高，包含18个服务层。

脐带扶臂
9架脐带扶臂为"土星"5号火箭提供燃料、液态氧和电能补给。在发射时它们会断开并转到其他方向。

发射台
发射台分成两个内层，含有许多重型承重金属大梁。

支撑支架

移动发射平台

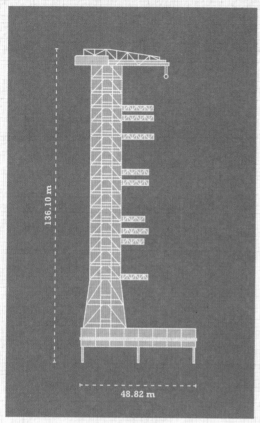

136.10 m

48.82 m

移动发射平台

质量:	3730000 千克
层数:	2 层
支撑支架:	6 部
A 层房间:	21 个
B 层房间:	22 个

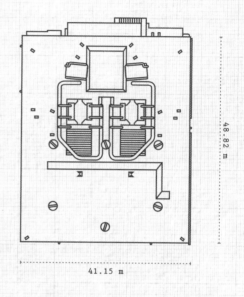

48.82 m

41.15 m

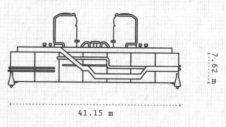

7.62 m

41.15 m

脐带式发射塔

高度:	121.8 米
质量:	1985000 千克
层数:	18 层
电梯:	2 部
服务扶臂:	8 架
通行扶臂:	1 架
抗风能力:	110 千米 / 小时

航天器装配大楼
VEHICLE ASSEMBLY BUILDING VAB

　　航天器装配大楼（Vehicle Assembly Building，VAB），或者像一开始那样，称作垂直装配大楼（Vertical Assembly Building），是为垂直搭建"土星"5号而建造的。1966年落成时，它是世界上最大的建筑之一，至今也还是地球上最大的单体单空间建筑物。内部，有4个区域用于检测与搭建火箭和"阿波罗"飞船。一共有71架起重机和升降滑轮用于移动各种巨大的零件。4扇通向各区域的大门依旧是世界上最大的，一次开启或关闭需要45分钟。

通风系统
整幢建筑有大约10000吨的空调设备，包括顶部的125部通风设备。它们帮助降低建筑内的湿度。

区域大门
有139米高，分成11个部分，每一部分都可以独立滑动。

底部区域
建筑物这个小一点的部分包括维护和检修工作区。

建筑计划

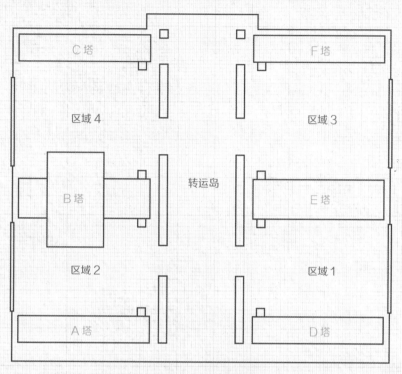

大门：	4 扇	占地面积：	32375 平方米
层数：	1 层	建筑体积：	3665000 立方米
升降设备：	71 部	抗风能力：	200 千米 / 小时

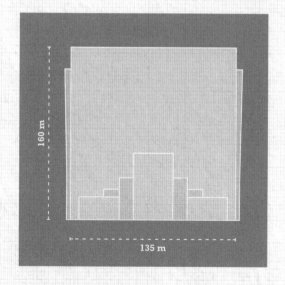

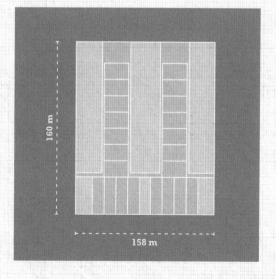

任务
MISSIONS

1961 年，不载人的"阿波罗"开始试飞，以测试运载它的"土星"火箭在太空中的表现。"阿波罗"的第一次载人任务在 1967 年。达成了"将一个人类送上月球再安全返回"目标的任务则完成于 1969 年。在整个计划结束之前，NASA 共完成了 6 次成功的月球着陆，让 12 个人走上了月球表面。

早期的载人任务目标主要围绕测试宇宙飞船，以及将飞船送入地球或月球轨道。后期，在"阿波罗"11 号第一次登陆月球之后的任务，目标是探索月球环境，进行科学实验以及采集岩石标本。

NASA 将"阿波罗"15 号、16 号和 17 号任务划为"J 级别"任务，这些任务耗时更长，宇航员将在月球上停留三天。这些多出来的时间允许他们进行更多的实验，更好地探索月球地理。只有在 J 级别任务中才部署了月球车，帮助宇航员扩大探索的范围。在 J 级别任务以外，还有其他多种级别的任务，从 A 级别直到 I 级别，强调了是否载人、实验需要哪些设备、携带哪些装备等任务细节。

整个计划期间共有 382 千克的月岩和月壤被带到地球。对于"阿波罗"计划样本的研究极大地促进了我们对月球构成和地质史的理解。计划的其他收益包括远程通信、计算机和航空技术的科学进步。

"阿波罗"计划本应持续到"阿波罗"20 号，但是预算削减迫使计划提前退役。在"阿波罗"11 号成功登月后，政府削减了 NASA 的资金，NASA 同时还将资金转移到研发势头正猛的航天飞机上。此外，一枚原本用于"阿波罗"计划的"土星"5 号运载火箭转为用于发射"天空实验室"。因为这些原因，"阿波罗"17 号成了最后的"阿波罗"任务，1972 年 12 月 14 日，人类最后一次踏上月球。然而，"阿波罗"的硬件在多年后依然在使用，包括历史性的"阿波罗"-联盟号任务，以及在天空实验室任务中来往运送任务成员。

肯尼迪
航天中心

P34

"阿波罗" – 联盟号测试计划
P66

天空实验室任务
P65

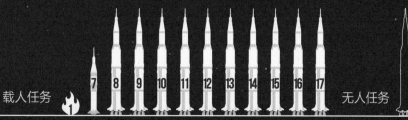

载人任务 无人任务

7   8   9   10   11   12   13   14   15   16   17

P38   P41   P42   P45   P46   P49   P50   P53   P54   P57   P58   P60   P62

肯尼迪航天中心
KENNEDY SPACE CENTER

　　1949 年以来，美国军队一直在位于佛罗里达海湾东部的卡纳维拉尔角空军基地进行火箭发射。之所以选择这个地点，是因为这里允许将火箭射向大洋，最大程度上降低了人口密集地区的风险，同时因为接近赤道，也通过地球自转给予火箭更大的推力。"水星"计划、"双子星座"计划和早期的"阿波罗"任务都从这里开始，然而它的环境却无法匹配"土星"5 号火箭，因此机构官员开始另选新址。

　　肯尼迪航天中心于 1962 年在梅里特岛（Merritt Island）开始建造，与之前的空军基地离得不远。在这里，人们会建造航天器装配大楼，以及配套的发射控制中心，40 米宽的轨道，用于航天员和任务附属成员工作和检验的建筑，一个新闻中心，以及各种附属建筑，还有一座全新的发射基地。这里会有两个发射点，39A 和 39B（2015 年又加上了小一点的 39C），这些发射点安全地位于发射指挥中心 5 千米之外。在发射准备阶段，航天员会通过无线电和发射指挥中心联通，只有在发射之后，当火箭已经离开发射塔，信号才会转给得克萨斯休斯敦的指令舱通信员。得克萨斯的气候更干燥，也更少受到风暴影响，因此是一个更适宜建立通信中心的地方。

第一次在肯尼迪航天中心发射的是一次无人任务，1967 年的"阿波罗"4 号，从 39A 发射升空。之后几乎所有载人任务都会从这个发射点升空，除了"阿波罗"10 号，这是因为当时"阿波罗"11 号已经在 39A 开始准备。接着是"阿波罗"任务、"阿波罗"－联盟号任务以及天空实验室任务，肯尼迪航天中心被改造以适应航天飞机任务，一直运转到 2011 年。

　　SpaceX，一个私有的航天企业，目前在使用 39A。在 2014 年签署了一份为期 20 年的租约后，他们获得了许可，可以改建以适用于"猎鹰"火箭的发射，这包括改建发射点和建造一个新的航天器装配大楼。同时，从 2012 年开始，NASA 已经在准备让 39B 成为新的航天发射系统，可以承载与"土星"5 号推力相当的火箭。在没有其他航天发射任务时，NASA 也允许这个发射点用于其他商业用户。新的发射点 39C 在 39B 边上建造。它的设计便于为更小的火箭服务，希望小一点的公司可以有机会进入商业航天市场。

卡纳维拉尔角发射基地
CAPE CANAVERAL LAUNCH COMPLEXES

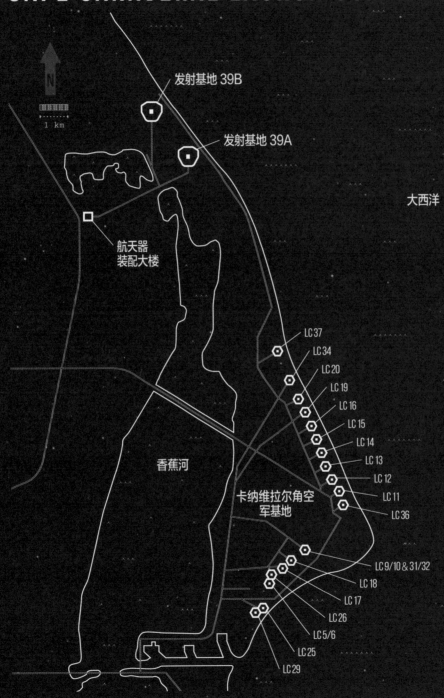

发射基地 39B

发射基地 39A

大西洋

航天器
装配大楼

香蕉河

卡纳维拉尔角空
军基地

LC 37
LC 34
LC 20
LC 19
LC 16
LC 15
LC 14
LC 13
LC 12
LC 11
LC 36

LC 9/10 & 31/32
LC 18
LC 17
LC 26
LC 5/6
LC 25
LC 29

N
1 km

39A 和 39B 发射基地
LAUNCH COMPLEXES 39A & 39B

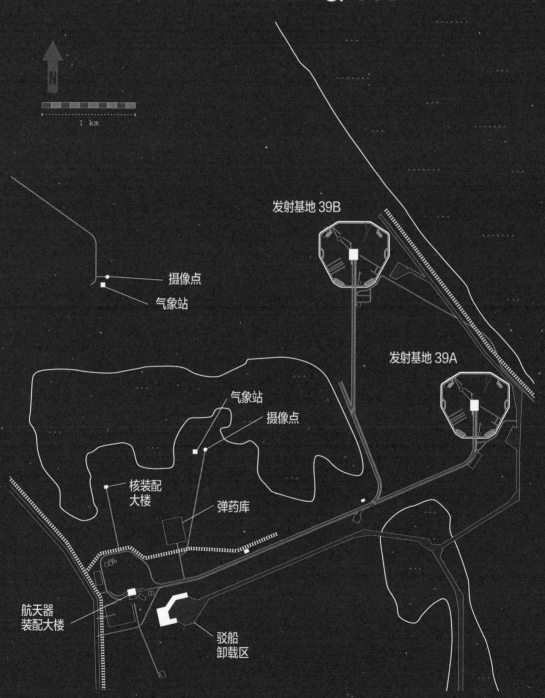

N

1 km

发射基地 39B

摄像点
气象站

发射基地 39A

气象站
摄像点

核装配
大楼

弹药库

航天器
装配大楼

驳船
卸载区

"阿波罗"1号
APOLLO 1

　　第一次载人任务"阿波罗"1号，原名为"AS-204"，原定于1967年2月21日发射，但任务因为发射前测试的灾难而取消。三名宇航员——弗吉尔·格里索姆（Virgil Grissom）、爱德华·怀特（Edward White）和罗杰·查菲（Roger Chafee）牺牲。为了悼念这一悲剧，也为了机组成员遗孀的心愿，这次试验任务重新命名为"'阿波罗'1号"。

　　这一事件发生在1967年1月27日，佛罗里达州卡纳维拉尔角空军基地的发射排练测试中。当大火燃起时，三名机组成员在发射位置就座，被封闭在指挥舱中。高压而富含氧气的环境导致烈火迅速蔓延。地面工作人员冲过去帮助，但是当他们到达之前，指挥舱就破裂了，爆出烈焰和浓重的黑烟。

　　事后，NASA召集了一个事故调查小组查找起火的原因。尽管确切的火因始终未能确定，小组还是发现了一系列设计和制造的缺陷。随着主工程开始修正，"阿波罗"飞行也被暂停。整整20个月之后，第二次将人送上飞船的任务才开始，即"阿波罗"7号。

"阿波罗"7号
APOLLO 7

　　美国东部标准时间 1968 年 10 月 11 日上午 11 点 02 分，"阿波罗"7 号在肯尼迪角空军基地起飞。成员包括指挥官沃尔特·施艾拉（Walter M. Schirra），指挥舱驾驶员唐·埃斯利（Donn F. Eisele）和登月舱驾驶员沃尔特·坎宁安（Walter Cunningham），这是唯一一次使用"土星"1B 号火箭发射的载人任务，也是最后一次在肯尼迪角空军基地发射的任务。

　　"阿波罗"7 号的目标和不幸的"阿波罗"1 号一样：载人情况下测试指挥 / 服务舱的绕地飞行。任务用于测试指挥 / 服务舱，因此没有携带登月舱。因为重量降低了，并且仅需要在近地轨道飞行，所以选用了"土星"1B 号火箭。在此之后的所有任务都将使用"土星"5 号运载火箭。

　　飞行任务十分成功，飞行器和宇航员在之后的 11 天中绕地飞行 163 次。他们在指挥舱中第一次进行了来自太空的电视直播。指挥舱较之前美国的太空计划（"水星"和"双子星座"）宽敞得多，能让宇航员吃上热饭，让绕地飞行变得可以忍受。尽管他们已经努力让旅程变得舒服一点，漫长的飞行还是折磨着宇航员。他们变得急躁，抱怨食物的选择（大多是一些高热量的甜食！），并且顶撞太空舱通信员。施艾拉的感冒让情况变得更为复杂。然而这些只是一次非常成功的任务的小麻烦。在任务的第十天，飞行地面时间（Ground Elapsed Time, GET）259:43 时，指挥舱与服务舱分离，准备返航。机组准备将指挥舱的钝端向前进入地球大气层，以制造最大空气阻力，尽可能地为飞船减速。指挥舱降落伞提供了更大的制动力，三名宇航员在 1968 年 10 月 22 日（260:09 GET）落入大西洋。这次任务的表现给了 NASA 信心，让他们决定在两个月后将"阿波罗"8 号送入月球轨道。

"阿波罗" 8 号
APOLLO 8

　　这是"阿波罗"计划中第二次载人飞行。这次的任务是将指挥／服务舱送上月球轨道再返回地球。

　　指挥官弗兰克·波尔曼（Frank Borman），指挥舱驾驶员吉姆·洛威尔（James A. Lovell）和登月舱驾驶员威廉姆·安德斯（William A. Anders）是本次任务的成员，收获了一连串意想不到的"第一次"：第一艘离开地球轨道的载人飞船，第一艘进入月球轨道的载人飞船，第一次对月球表面进行电视直播，第一次使用"土星"5 号运载火箭进行载人发射，以及任务成员成了第一次看到地球全貌的人类。但最重要的是在"阿波罗"7 号验证了指挥舱可以进行太空飞行后，NASA 再一次证明他们飞往月球并返回的轨道和操作是可行的。

　　"阿波罗"8 号在美国东部标准时间 1968 年 12 月 21 日 7 点 51 分于肯尼迪航天中心发射，未来的所有"阿波罗"任务都会从这一基地发射。在发射中，"土星"5 号运载火箭的头两级燃尽并分离，使飞船加速并进入高层大气。第三级火箭启动并加速到超过 28000 千米每小时，将他们送入地球轨道。在轨道上，任务成员测试系统准备将飞船送入地月转移轨道，调整开始于飞行地面时间 02:50。此时"土星"5 号运载火箭的第三级火箭再次启动，将他们带离地球轨道并驶向月球。因为没有月球登陆的计划，所以飞船没有携带登月舱。取而代之安装在相应位置的是"登月测试模块"，这个模块重量等于登月舱以测试。

　　"阿波罗"飞船用了三天飞抵月球，他们会使用服务推进系统（Service Propulsion System, SPS）让发动机减速，进入椭圆轨道。SPS 发动机会在此点火，在绕月两圈后进入月球海拔 110 千米的近圆轨道。任务中宇航员在圣诞前夜进行了电视直播，在当时覆盖了最大面积的地球观众。"阿波罗"8 号飞船在大约 20 小时内绕月飞行了 10 次，其间宇航员调查并拍摄了月球表面。在最后一圈飞行中，飞船准备好进入月地转移轨道（TEI），他们再一次将 SPS 发动机点火，此时他们位于月球离地球较远的一侧，这将为指挥／服务舱提供需要的速度以离开月球轨道进入返地轨道。返程途中宇航员有机会放松，只需继续监控飞船设备。在降落之前一小会儿，他们分离了服务舱，服务舱会单独进入大气层并在坠落之前烧毁。指挥舱和成员在 12 月 27 日，飞行地面时间 146:59 返回，降落在北太平洋。

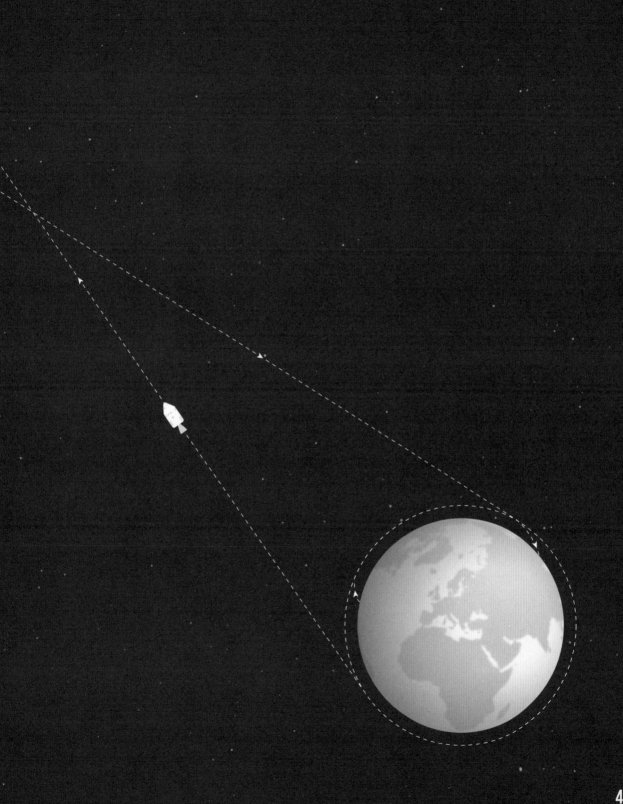

"阿波罗" 9 号
APOLLO 9

　　"阿波罗"9号的主要任务是测试以确保登月舱是一艘自给自足的飞船，同时实际操作登月舱和指挥/服务舱的交会对接。任务在美国东部标准时间1969年3月3日11点发射。因为登月舱现在已经装载，这是"阿波罗"/"土星"5号运载火箭第一次携带全套登月任务装备发射。任务成员有指挥官詹姆斯·麦克迪威特（James R McDivitt），指挥舱驾驶员大卫·斯各特（David R Scott）和登月舱驾驶员罗素·施威卡特（Russell L Schweickart）。

　　"阿波罗"9号会在地球轨道上完成主要目标，在这里登月舱和指挥/服务舱将对接两次。第一次在第一天进行，在"土星"5号运载火箭的第三级（S-IVB）将飞船送入地球轨道之后。此时登月舱还连接在第三级之上，指挥/服务舱将分离，调转180度并用对接舱口和登月舱相连。此时第三级火箭将脱离，利用最后的推力进入太阳轨道。

　　几天后，在一些登月舱的功能测试之后，施威卡特准备进行一次宇航员舱外活动。他爬出登月舱门，穿着新设计的"阿波罗"宇航服。这种宇航服是第一种自带生命维持系统的宇航服，在此之前宇航员依靠一条连接到宇宙飞船的"脐带"。施威卡特的太空行走进行了37分钟，由于待在外面太久，恶心导致他的一些行动失败。斯各特在指挥舱中拍摄了他的太空行走。

　　在任务的第五天，麦克迪威特和施威卡特进入登月舱，练习一些在月球着陆过程中会使用的操作。包括和在指挥舱中的斯各特分离，代替着陆行动，他们用登月舱的降落级发动机将自己推入更高的179千米轨道。一小段时间后他们可以分离降落级部分（正常情况下这部分会留在月球），然后用起飞级发动机回到指挥/服务舱，进行第二次对接。两部分飞船连接六小时后，宇航员进入指挥/服务舱，分离登月舱，让它留在月球轨道直到坠毁。

　　这次任务大获成功，证明了登月舱的飞行和完成任务的能力。飞船在1969年3月13日，飞行地面时间241:00降落于北大西洋，任务成员和飞船绕地飞行152周。

"阿波罗" 10 号
APOLLO 10

1969 年 5 月 18 日 12 点 49 分飞船起飞。这次飞行是对"阿波罗" 11 号月球着陆飞行的预演，尽管本次飞行他们不需要在月球着陆。宇航员为指挥官托马斯·斯塔福德（Thomas P. Stafford），指挥舱驾驶员约翰·杨（John W. Young）和登月舱驾驶员尤金·瑟南（Eugene A. Cernan）。

发射后，"阿波罗"飞船进入地球轨道，宇航员准备进入地月转移轨道。绕地飞行一圈半后，"土星" 5 号运载火箭的第三级再次点火，增加他们的速度并把他们送往月球。在第三级火箭使用之后不久，他们将利用"阿波罗" 9 号测试过的方式进行第一次对接，但这一次将不会在地球轨道。在他们飞向太空途中，指挥 / 服务舱脱离第三级火箭，旋转并和登月舱对接。"土星" 5 号运载火箭的最后部分释放设备，并和"阿波罗"指挥 / 服务舱以及登月舱分离，以便他们继续前往月球。

发射后三天，通过点燃 SPS 发动机减速，他们到达月球，进入椭圆轨道。如之前（"阿波罗" 8 号）一样，SPS 发动机会再次点火，让他们进入 110 千米的圆形轨道。第五天，斯塔福德和瑟南进入登月舱向月球降落，让杨独自留在指挥舱。登月舱将停留在月球海拔 14.3 千米，保持轨道飞行直到返回指挥 / 服务舱。在如此接近月球的距离，斯塔福德和瑟南拍摄了大量照片，两次经过了"阿波罗" 11 号预计的着陆点，那个位置叫作"宁静海"。因为两名宇航员离月球表面太近了，需要预防他们一时冲动而着陆。可以想到他们有很大的可能性会试试看，宣布自己是最早登陆月球的人。为了防止这一点，登月舱的起飞级没有加满燃料，着陆后起飞级将无法带他们返回指挥 / 服务舱。

当登月舱要返回指挥 / 服务舱时，下降级分离并留在月球轨道，之后会被月球引力牵引坠毁在月球表面。上升级发动机点火，将他们推向指挥 / 服务舱轨道，两部分飞船在分离近八小时后再次对接。在所有成员回到指挥 / 服务舱后，登月舱剩余的部分分离，飞船开始返回地球的旅程。返程途中"阿波罗" 10 号速度达到每小时 39897 千米，创造了载人装备飞行速度的纪录，后续的"阿波罗"任务都没有打破这一纪录，纪录一直保持到今天。任务成员乘坐指挥舱，于 1969 年 5 月 26 日（飞行地面时间 192:03）降落在太平洋。

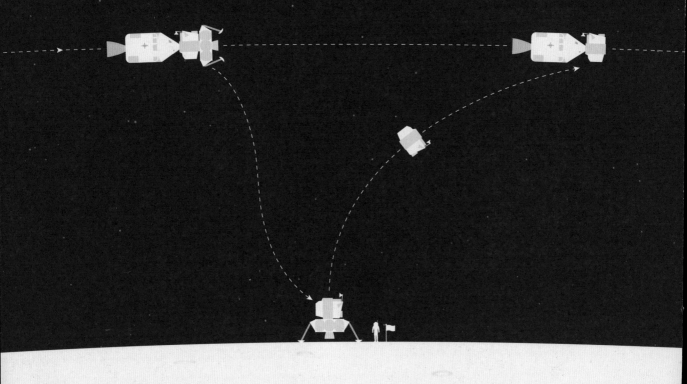

"阿波罗" 11 号
APOLLO 11

　　"阿波罗" 11 号是 "阿波罗" 第五次载人任务，也是人类第一次涉足其他天体。宇航员指挥官尼尔·阿姆斯特朗（ Neil Armstrong ），指挥舱飞行员迈克·柯林斯（ Michael Collins ），登月舱飞行员埃德温·"巴兹"·阿尔德林（ Edwin "Buzz" Aldrin ）于美国东部标准时间 1969 年 6 月 16 日在肯尼迪航天中心起飞。

　　与之前前往月球的飞行一样，"阿波罗" 飞船会在地球轨道飞行两个半小时（ 大约绕地飞行一圈半 ），之后进入地月转移轨道，这将让他们摆脱地球引力并驶向月球。在大约三天后他们会到达月球，在飞行地面时间 75:50 进入椭圆轨道。根据事先演练，SPS 发动机会点火，将飞船带入 110 千米海拔的圆形轨道。在进入月球轨道 25 小时后，他们准备分离，柯林斯在指挥舱待命，阿姆斯特朗和阿尔德林进入登月舱并分离。在全面检查登月舱系统后，下降级发动机点火 29 秒，宇航员下降到月球表面。一小时后，下降级再次点火。这是为了给登月舱着陆减速，也为了给阿姆斯特朗足够的时间避开前方他正飞去的漂砾区域。他们于 1969 年 7 月 20 日，飞行地面时间 102:45 在月球着陆。

　　刚一着陆，因为一个偶然的数据，操作程序要求他们立刻准备登月舱的起飞。准备结束后，阿姆斯特朗第一个从舱中走出。他一边放下舷梯，一边打开登月舱一侧的电视摄像机，一边记录这伟大的一刻。作为第一个涉足其他天体的人类，他发表了著名的宣言："这是个人的一小步，却是人类的一大步。"阿尔德林跟了上来，将他眼前的景象描述为 "壮丽的荒凉"。他们两个在月球表面一共停留了两个半小时，收集月岩标本并拍照。他们还部署了一些科学仪器，包括一块激光复归反射器，可以反射从地球发射的激光。在离开之前，他们还升起了美国国旗，留下一块纪念碑标明人类首次登上月球。在登上登月舱并封闭舱门后，上升级与下降级分离，两名宇航员自月球表面起飞并与留在月球轨道上的柯林斯会合。登月舱成功地与指挥 / 服务舱相遇，通过一系列小心的定位操作最终与两者对接成功，任务成员得以（带着月岩）回到指挥 / 服务舱进入返程。任务成员于 1969 年 7 月 24 日，飞行地面时间 195:18 胜利返航。

"阿波罗" 12 号
APOLLO 12

　　这次任务是人类第二次登上月球。本次任务发射于"阿波罗"11 号 4 个月后，1969 年 12 月 14 日，东部标准时间 11 点 22 分。任务成员有指挥官小查尔斯·康拉德（Charles Conrad Jr），指挥舱驾驶员小理查德·戈登（Richard F. Gordon Jr），登月舱驾驶员艾伦·比恩（Alan L. Bean）。他们计划精确降落在"勘测者"3 号（Surveyor 3）的着陆地点附近，"勘测者"是美国在 1967 年 4 月 20 日发射的一台无人探测器。

　　发射刚刚 36 秒就出现了一个吓人的时刻，飞船里的灯亮了起来。在指挥 / 服务舱中，各种灯亮了，多个系统自动关闭。在空中和地面上的任务成员都疯狂地寻找解决办法。任务中心一个脑子快的系统工程师约翰·阿隆回忆起了在早先测试中出现的近似的问题。他指导任务成员如何重启能源系统，比恩成功地实施了重启。随着遥测系统重新启动，指挥/服务舱的能源得以恢复，发射成功，之后的旅程都依照计划进行。当他们到达月球时，康拉德和比恩登上登月舱，离开留在月球轨道指挥舱中的戈登。登月舱下降级几乎自动调整好了，比恩在最后阶段只进行了极少的手工调整。着陆非常成功，登月舱的着陆点距离目标飞船仅仅 183 米，着陆位置位于风暴海。

　　降落后没多久，他们飞船的电视转播信号就中断了，比恩不经意间把精密相机朝向了太阳。两名宇航员在月球表面度过了 31.5 小时，完成了两次舱外活动，两次活动之间在登月舱中停留约 7 小时。在活动中他们访问了"勘测者"3 号，拆除了部分零件以供未来分析。这些研究可以告诉我们材料长期暴露在月球环境中的影响。宇航员的另一项任务是地质勘测。康拉德和比恩大约徒步勘察了 1300 米的距离，采集标本并记录了他们的发现。

　　宇航员还设置好一些设备留在月球，这些设备用于勘测太阳风、磁场以及月球的地震活动，等等。这些设备被称作"阿波罗"月球表面实验包（Apollo Lunar Surface Experiments Package，ALSEP），它有自己的能源系统，可以长时间向地球传输数据。当两名宇航员离开月球并返回指挥 / 服务舱，登月舱被发射并坠毁在月球上，以便提供数据，让月球表面实验包检测到。任务于 12 月 24 日，飞行地面时间 244:36 结束，飞船落入太平洋。

"阿波罗"13号
APOLLO 13

"阿波罗"13号于东部标准时间1970年4月11日2点13分发射,成员有指挥官吉姆·洛威尔,指挥舱驾驶员杰克·斯威格特(Jack Swigert)和登月舱驾驶员佛雷德·海斯(Fred Haise)。他们的目的地是月球上一片叫作弗拉·毛罗(Fra Mauro)的地区。然而在这次任务中,事情却不会依照计划进行。

任务进行到接近56小时的时候(距离地球330000千米),宇航员听到他们身后一声巨响,来自服务舱的什么地方。任务成员短暂地和指令舱通信员失去了联系,这是因为高增益天线受损,这个问题很快就因为切换频段自行解决了。在指挥舱的舷窗,他们能看到许多东西从飞船抛射到宇宙中。成员保持了镇定,和任务指挥联系,报告他们看到的情况。读数确认了刚才听到的爆炸声是因为服务舱中一枚氧气罐爆炸,这对于任务成员十分危险。氧气不仅用于呼吸,也用于制造水和电力。很快就确认这次任务不可能进行登月了,本次任务的目标是幸存。任务指挥决定对于"阿波罗"13号最好的行动就是尽可能快地回到地球。他们的计划是继续飞抵月球,进入月球轨道半圈。在飞行这半圈后,SPS发动机再次点火,获得速度脱离月球引力,将他们送入返回地球的航程。

指挥/服务舱因为损坏在飞行地面时间58:40断电,任务成员进入登月舱,这里调整为供应之后所有能源和其他消耗的舱室。然而登月舱的设计并不能支持三个人这么长时间,同时三名宇航员面临另一个问题,就是上升的二氧化碳浓度。为了防止任务成员因空气环境中毒,NASA派出他们最为聪明的团队来解决这个随着每次呼吸都变得更糟的问题。NASA的地面团队十分巧妙地想到用一个正在使用的零件来解决问题,这需要舱内成员一起动手。这个办法需要宇航员把指挥舱的二氧化碳过滤器安装到登月舱系统。指令舱通信员和宇航员沟通了方法,他们立刻开始工作。他们一完成修理,二氧化碳水平就开始降低并稳定在可以呼吸的水平。舱内成员面对的另一个难题是直线下降的温度。他们只能用一点点能量,因此加热器保持在尽可能最低的温度上。当时因为温度太低,水汽在舱室内壁上结霜,导致大家担心电能会进一步短缺。

"阿波罗"13号的新轨道成功地让他们安全绕月飞行,并且按计划离开月球轨道。尽管还是不安,他们至少能安心知道已经踏上回家之旅。在进入地球大气层之前,舱内成员再次进入并启动指挥舱。之后他们和损毁的服务舱分离,之前他们已经和救了自己一命的登月舱分离,这次登月舱相当于他们的救生艇。舱内成员处于大致良好的健康状态,于1970年4月17日飞行地面时间142:54降落,在南太平洋被"硫磺岛"号航空母舰救起。

"阿波罗" 14 号
APOLLO 14

因为"阿波罗"13 号放弃了登月,"阿波罗"14 号的目标和前次任务相同。和"阿波罗"12 号一样,这次的任务也是让指挥官艾伦·谢泼德(Alan Shepard),登月舱驾驶员埃德加·米切尔(Edgar Mitchell)在月球上停留超过 30 小时,进行两次舱外任务,此间指挥舱驾驶员斯图亚特·卢萨(Stuart Roosa)将留在月球轨道上。尽管任务取得了成功,中间还是经历了问题。

发射因为发射点糟糕的天气而推迟,这在"阿波罗"计划中是第一次。最后随着情况改善,在东部标准时间 1971 年 1 月 31 日 4 点 3 分任务发射。在任务早期,刚刚进入月地转移轨道,第一个对接任务就遇到了问题。舱内成员用了 1 小时 42 分才把指挥 / 服务舱和登月舱对接,中间甚至动用了 SPS 发动机以产生强推进力让飞船连在一起。

在登月舱向月球降落的过程中,舱内成员因为一个坏掉的开关反复接收到"终止任务"的信号。如果不做检查,就存在风险——飞船上的电脑取消下降,和下降级分离用上升级发动机发射回到轨道。NASA 的软件团队迅速找到了一个解决方案,并将办法告诉了登月舱上的米切尔。他手动进入了登月舱的修改程序,刚好在极短的时间内调整了错误的信号。在他们将要到达时,又遇到了登月舱雷达问题,这妨碍了他们判断相对于地面的速度和海拔的能力。系统重启后,他们重新获得了读数,离目的地 5500 米。尽管如此,飞船还是在仅离目标 50 米的地方降落,这是"阿波罗"计划中降落位置最为精确的一回。

在舱外活动期间,宇航员将会再次设置科学设备,探索地貌并带回样本。为了帮助他们携带材料行动,他们会带着多部件设备运输车(Modularized Equipment Transporter,MET),这是一个两轮手推车,同时也是一个便携的工作台。这是第一次也是唯一一次使用MET。在"阿波罗"12 号任务中安装了另一台月球表面实验包,从月球向地球发射更多数据。本次任务令人难忘的一幕发生在他们要离开月球表面之前,是谢泼德挥动一只他带来的高尔夫球杆。因为宇航服的行动限制,他只能单手挥杆,尽力在第二次尝试时击中。即便是在宇航服中,月球上的引力仅有地球上的六分之一,他还是将球打出了数百米。

在停留的最后阶段,谢泼德和米切尔回到登月舱并准备返回指挥 / 服务舱。在月球停留33.5 小时后,他们起飞到达并和斯图亚特·卢萨对接,卢萨之前一直在飞行轨道中进行实验,并为未来的登陆地点拍摄照片。当舱内成员都回到指挥舱后,登月舱又一次发射坠毁在月球,以便测试撞击(这一次使用了两部月球表面实验包)。他们在三天后返回地球,降落在太平洋,时间为 1971 年 2 月 9 日,飞行地面时间 216:01。

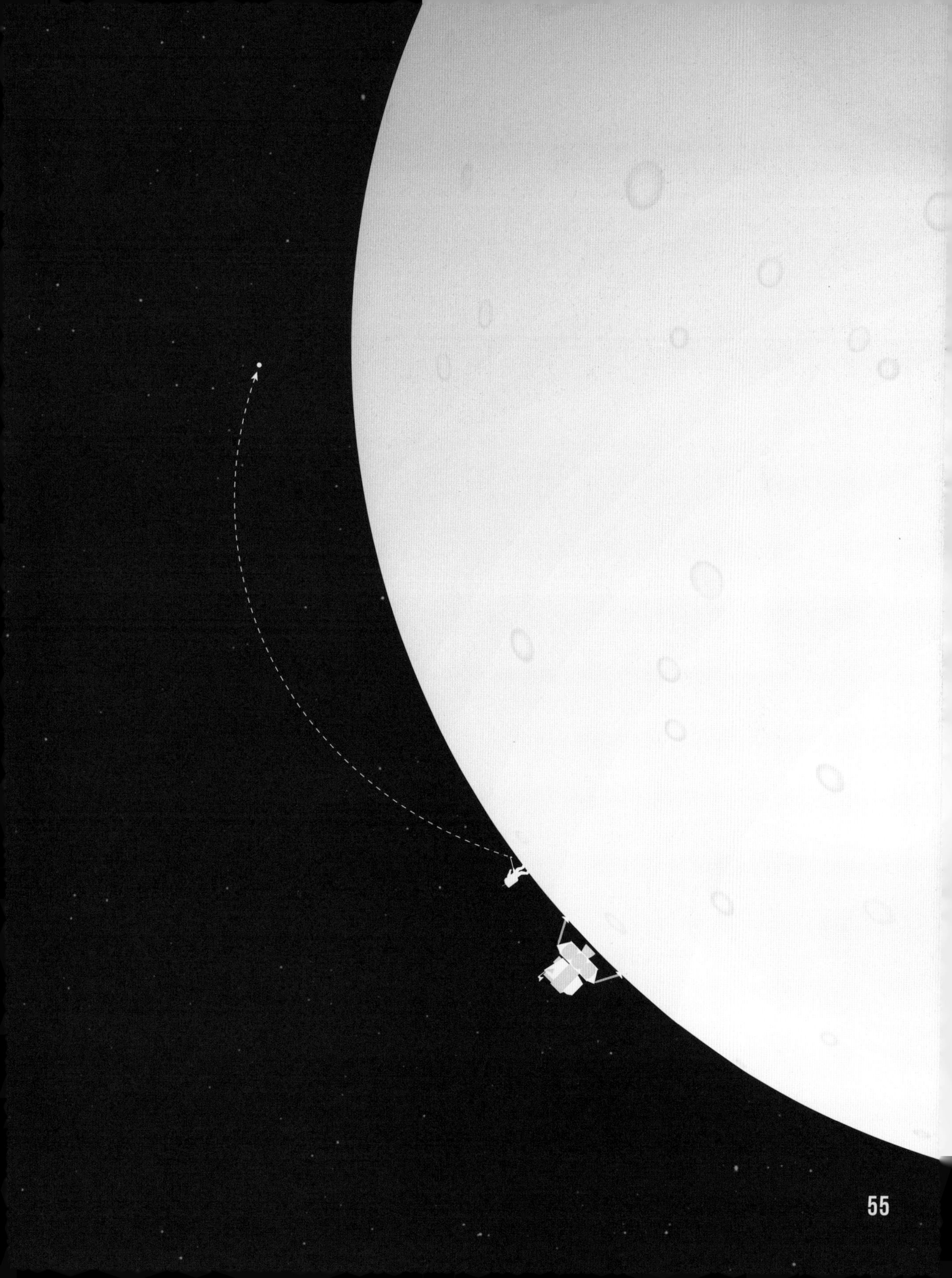

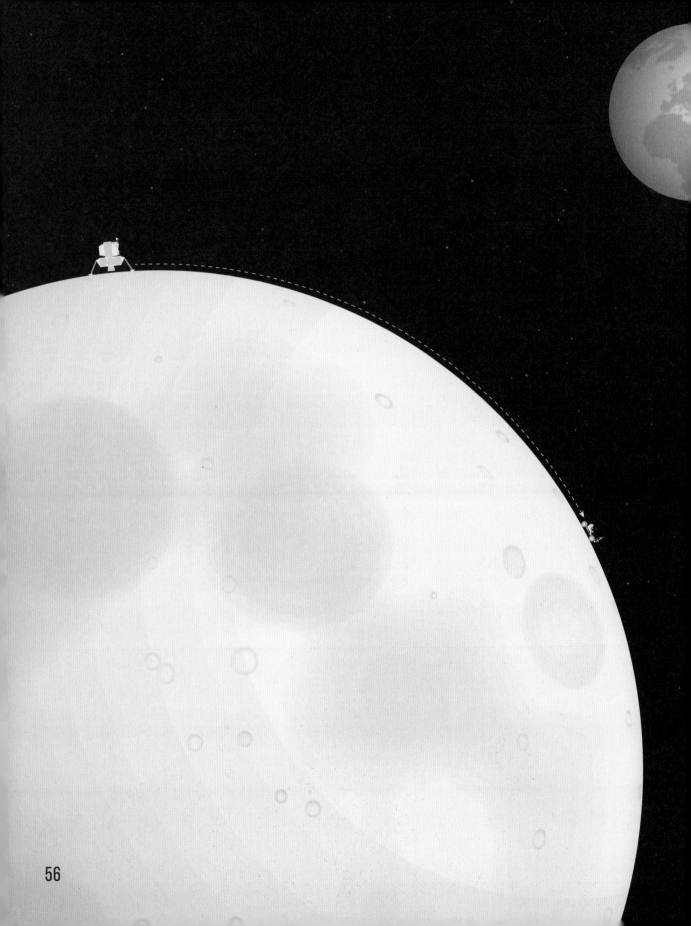

"阿波罗" 15 号
APOLLO 15

　　任务按计划在东部标准时间 1971 年 6 月 26 日 9 点 34 分发射。这是第一次长时间停留在月球上的任务，登月舱上的两名宇航员会在月球表面待上近三天。指挥官大卫·斯各特，登月舱驾驶员詹姆斯·艾尔文（James B. Irvin）会执行三次舱外任务，在月球表面的登月舱外停留 18.5 小时。他们第一次带上了月球车，月球车被安装在登月舱下降级外的空间中，直到降落到月球。

　　带着月球车，加上延长的停留时间，较之之前的任务可以让宇航员从着陆地点旅行得更远。之前，在月球表面的旅程一般在数百米的范围内，这一次增加到了数十千米。探索更广大的地区后，他们可以检查地质状况并采集样本，比过去的任务带回多得多的东西。两名宇航员还会再安装一台月球表面实验包，这是此时在月球表面运行的第三台。

　　当两名宇航员在月球表面执行任务时，指挥舱驾驶员阿尔弗莱德·沃尔登（Alfred Warden）在月球轨道上忙碌，利用服务舱中科学设备舱内的多种相机和测绘工具，细致研究月球表面和环境。

　　当"阿波罗" 15 号的舱内成员重聚，和登月舱分离，他们发射了一颗小卫星 PFS1 在月球轨道运行，用来测量月球的电离层、粒子和磁场环境。直到 1973 年 1 月，这颗卫星都会绕月飞行并发回数据。在释放卫星 1 小时后，SPS 发动机再次点火让他们进入轨道返回地球。第二天，在返程途中，沃尔登会进行第一次在深空中太空行走，这是为了取回服务舱外科学设备舱中的胶片，拿到指挥舱，以便它们能在返回地球的途中保存下来。

　　在返回地球大气层后，三组降落伞和之前一样展开，然而其中一组在落地前毁坏。尽管如此，指挥舱已经减速到足够慢，得以安全着陆，只是比往常艰难了一点，1971 年 8 月 7 日，飞行地面时间 295:11，飞船落入北太平洋。

"阿波罗" 16 号
APOLLO 16

　　这是"阿波罗"计划中第 10 次载人任务,它的目的地是月球上的笛卡儿地区。这个地区的特点是多山丘和洼地,选中它是因为其代表了月球的典型地貌。这是第一次探索这种地区。

　　"阿波罗"16 号和成员——指挥官约翰·杨、指挥舱驾驶员肯·麦丁力(Ken Mattingly)、登月舱驾驶员查尔斯·杜克(Charles Duke)在美国东部标准时间 1972 年 4 月 16 日 12 点 54 分发射。在一段安全的旅程后,在飞行地面时间 104:30,登月舱降落在月球表面,距离预计登陆地点 276 米。这次探索给杨和杜克提供了 71 小时停留在月球表面,其间他们共进行了三次舱外活动,用时超过 20 小时。他们第一次舱外活动中第一优先级的任务是卸下装载在下降级上的月球车并打开它的系统,之后他们又安装了另一台月球表面实验包。

　　第二次和第三次舱外活动主要集中在指定地点进行地质探索和采集标本。在任务结束时,月球车共行驶 27.1 千米,较之"阿波罗"15 号略少。在增加的科学实验中,他们第一次用紫外线相机拍照。这让他们可以拍摄到在地球上因为大气层无法观测的星空区域。

　　和之前的任务一样,在进入月地转移轨道之前,他们放出了一颗小卫星。这颗卫星能帮助收集月球质量、地球和月球磁场的相互作用,以及月球附近太空中尘埃的构成等信息。之后,三名宇航员准备好进入为期三天的回家之旅,这中间麦丁力进行了太空行走,取回服务舱上的胶片盒。在 1972 年 4 月 27 日,飞行地面时间 265:51,指挥舱回到地球并落入南太平洋。

"阿波罗" 17 号
APOLLO 17

　　这是最后一次"阿波罗"任务。任务成员是最后登上月球的人类，也是最后在近地轨道以上旅行的人类。任务发射时间为美国东部标准时间 1972 年 12 月 7 日 0 点 33 分；这是"阿波罗"计划中唯一一次夜间发射。飞船上指挥官尤金·瑟南、指挥舱驾驶员罗纳德·伊文思（Ronald Evans）和登月舱驾驶员哈里森·舒密特（Harrison Schmitt）一起执行任务。

　　"阿波罗" 17 号的登月舱在月球表面停留的时间会比其他任务都长，允许瑟南和舒密特带回最大量的标本。当两名宇航员创下在月球表面停留的纪录时，伊文思也将创下在月球轨道连续飞行时间最长的纪录。

　　登月舱和船员在发射 110 小时后就登上月球。和前两次任务一样，在月球的三天中一共会有三次舱外活动，用时超过 22 小时。这一次，两名宇航员还将部署另一台月球表面实验包，之后进行更多的地质探索。"阿波罗" 17 号是唯一一个携带了穿越引力仪（Traverse Gravimeter Experiment, TGE）的任务。引力仪非常敏感，可以检测到引力的微弱变化，在检测地球的地质构造时非常有效。通过在实验中测量不同地点微小的引力波动，可以帮助我们更好地了解月球的内部构成。瑟南和舒密特使用穿越引力仪进行了 26 次单独测量，在探索中他们把仪器放到月球车上。月球车比之前两次旅行得更远，在 4.5 小时中行进了 35.7 千米。

　　瑟南与舒密特在协调世界时 12 月 14 日 22 点 54 分起飞，这一天也是人类在月球上停留的最后一天。他们驶向在月球轨道中停留的伊文思，然后携带标本进入指挥舱。在回程中，是伊文思负责太空行走，将服务舱的胶片取回，共用时 1 小时 7 分钟。"阿波罗"指挥舱重返地球大气层的时间为 1972 年 12 月 19 日，飞行地面时间 301:51。

无人任务
UNMANNED MISSIONS

　　NASA 进行了多次无人的"阿波罗"任务，以测试飞船和火箭的功能。这些任务通过验证设备在宇宙中的可靠性将它们对人的风险降到最低。第一批无人任务始于 1961 年，主要使用"土星"1 号来测试 H1 发动机和制导系统。在其后的行动中，"土星"1 号携带了一个指挥 / 服务舱样板，用于分析航天器的空气动力学参数。除了这些任务之外，NASA 还使用更小型的火箭"小乔"2 号来测试发射逃生系统和着陆降落伞。

　　在被称为"阿波罗"1 号的灾难发生之前共有三次无人的"阿波罗"/ 土星测试飞行。在"阿波罗"1 号（曾用名 AS-204）之后，飞行开始用"阿波罗"序列系统命名，从"阿波罗"4 号开始，紧接着是 5 号和 6 号。决定从 4 号开始是因为"阿波罗"1 号之前已经有过 3 次测试飞行。

AS 201

　　一型指挥 / 服务舱和"土星"1B 号火箭的第一次发射。一型指挥 / 服务舱与二型不同，它更重，也没有月球着陆能力，没有安装用于对接登月舱的对接舱。第一台二型指挥 / 服务舱会用于"阿波罗"7 号。这次亚轨道测试飞行展示了服务推进系统的能力，测试了登月舱和指挥舱反应推力系统，以及指挥舱安全返航的能力。

AS 203

　　这次测试飞行没有携带指挥 / 服务舱和登月舱，它的目标是测试 S-IVB 火箭在飞行中再启动的能力。为了实现登月，S-IVB 需要在将飞船送入地球轨道后关闭，然后再次启动将飞船送往月球。在指挥 / 服务舱的位置安置了一部流线型的鼻锥。S-IVB 是"土星"1B 号的第二级，在"土星"5 号上将作为第三级。

AS 202

　　这是一型指挥 / 服务舱的第二次无人飞行，也是"土星"1B 号火箭第三次测试飞行。通过提升发射高度，将飞行时间提升到 AS 201 的两倍，这次亚轨道飞行进一步测试"土星"1B 号的能力。这是第一次在飞行中使用"阿波罗"飞船的导航和控制系统。AS 202 发射晚于 AS 203，这是因为准备"阿波罗"任务的宇宙飞船导致发射延迟。

无人任务	发射工具	发射时间
AS 201	"土星" 1B	26.02.66
AS 203	"土星" 1B	05.07.66
AS 202	"土星" 1B	25.08.66
AS 204/"阿波罗" 1号	NA	27.01.67
"阿波罗" 4号	"土星" V	09.11.67
"阿波罗" 5号	"土星" 1B	22.01.68
"阿波罗" 6号	"土星" V	04.04.68

APOLLO 4

"阿波罗" 4号是第一次测试"土星" 5号运载火箭的发射装置，也是第一次测试火箭的前面两级（S-IC 和 S-II）。在发射之时，它是有史以来最大的飞行装置。这次飞行原定于在 1966 年发射，但是因为 S-II 的研发问题，部分因为 NASA 在"阿波罗" 1号事故调查中发现的线路错误，发射被推迟。

APOLLO 5

这次任务第一次携带了登月舱进入太空。在轨道运行期间，测试了登月舱分离上升级和下降级的能力，也测试了各级的推进系统。这次任务原计划在 1967 年 4 月进行，但是和"阿波罗" 4号一样，因为技术原因推迟许久。本次发射的装置是小一点的"土星" 1B号，尽管不如"土星" 5号运载火箭力量强劲，它也足以将飞船送入地球轨道。

APOLLO 6

"阿波罗" 6号是最后一次无人的"阿波罗"任务，这次任务验证了"土星" 5号运载火箭和"阿波罗"飞船可以载人飞行。但依然存在一些技术问题，飞船较之之前的任务，发射后离地球更远，以及指挥舱返回地球大气层时的速度稍稍低于目标速度 40000 千米每小时。指挥舱在目标地点 80 千米外安全降落。

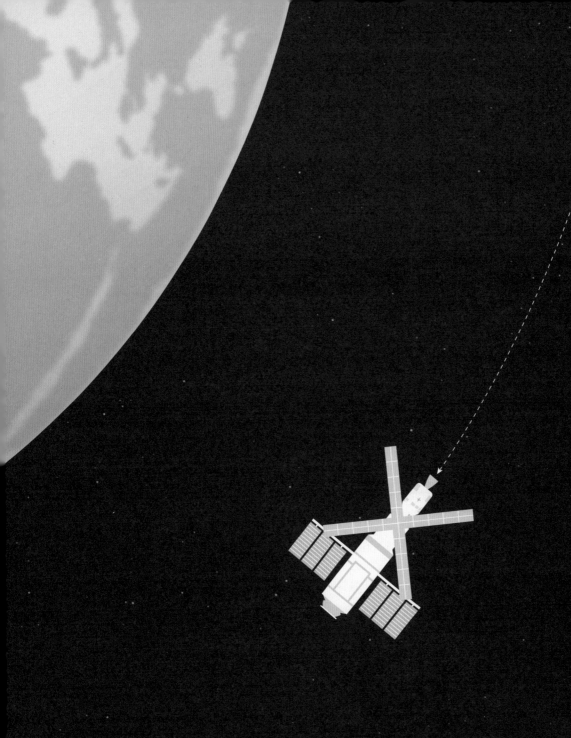

天空实验室任务
SKYLAB MISSION

　　天空实验室是美国的第一个空间站。它同时是一个太阳的天文台、一个地球的观测站，以及一个微重力实验室。内部还包括工作室、厨房、浴室、厕所、睡袋和健身设备。这些设备都为在微重力下工作特别设计。天空实验室在轨道中运转，从 1973 年一直到 1979 年。

　　1969 年，几乎和第一次登月同时，就决定利用"土星"5 号将天空实验室送上地球轨道。最初的计划包括在轨道上建立空间站，通过多次发射"土星"1B号送上各部分，但这一想法并不完善。一次单独的"土星"5 号发射更为便宜，虽然会和一次未来的登月发射花费一样。把空间站送上轨道将会是"土星"5号的最后一次发射。

　　天空实验室在 1973 年 5 月 14 日在 39A 发射点升空。当它穿越大气层时，一个流星防护罩丢失，带走了一块太阳能电池板，把另一块也损坏了。这些问题让空间站丧失了绝大部分电能，而且很可能报废。第一批来到空间站的任务成员——他们乘坐阿波罗的指挥 / 服务舱在空间站进入轨道 11 天后到达——首先要做的事情就是尝试修复，接通电能。他们通过太空行走完成了最初的主要修复工作，恢复了飞船的供电。任务成员在天空实验室待了 28 天，进行了医学实验，收集了太阳和地球的科学数据，进行了一系列修补工作。在空间站的成员完成了新的太空飞行纪录，这个纪录又被后续的两次天空实验室任务打破。第二组任务成员在 1973 年 7 月 28 日和天空实验室对接。"阿波罗"指挥舱推进器的泄漏问题成了航天员回程的主要隐患。因为天空实验室有能力同时对接两台飞船，NASA 准备了救援任务，另一台"阿波罗"飞船在发射台上待命，但是最终没有发射。它一直等待，直到轨道中的"阿波罗"飞船在宇宙中待了 59 天后安全返回。最后一组任务成员在 1973 年 11 月 16 日造访天空实验室。他们最大的问题是处理工作负荷，他们感到被压得太厉害了：他们的每日任务通过传真送达，有时有 15 米长。在和地面成员沟通了他们的担心之后，他们的工作量得以调整。不论如何，直到回到地球之前，他们还是做了比发射之前预计的多得多的工作。

　　天空实验室原计划在太空中飞行更长时间，但是航天飞机计划的延期导致天空实验室太空站的轨道下降，无法继续停留。回收在 1979 年 7 月 11 日开始，尽管NASA试图让它的轨道径直朝向海洋，还是有部分残骸坠落到了西澳大利亚。

"阿波罗"－联盟号测试计划
APOLLO–SOYUZ TEST PROJECT

　　"阿波罗"－联盟号测试计划是第一个媚俗的联合太空计划。随着美国结束对越南的干涉，美苏两国的紧张关系有所缓解，于是一项联合太空任务被当成它们关系进展的标志。这项任务中，两国会各发射一架飞船在地球轨道上对接，让任务成员可以登上对方的飞船。

　　两架飞船在 1975 年 7 月 15 日发射，苏联率先发射，美国在 7.5 小时之后发射。联盟号上是两名俄罗斯航天员：指挥官阿历克谢·列昂诺夫（Alexey Leonov）和飞行工程师瓦列里·库巴索夫（Valeri Kubasov）。同时，"阿波罗"飞船上则照例是三名航天员：指挥官托马斯·斯塔福德（Thomas P. Stafford），指挥舱驾驶员凡斯·布兰德（Vance D. Brand）和对接舱驾驶员德克·斯雷顿（Deke Slayton）。经过两天飞行，"阿波罗"与联盟号都进入圆形轨道，在海拔 229 千米处完成了交会。美国与苏联在 7 月 17 日对接，下午 3 点 17 分舱口开启。两名任务指挥官一开始就挥手致意，随后任务成员热情地问候了对方。杰拉德·福特总统（作为官方回应），和苏共总书记列昂尼德·勃列日涅夫都向这一历史性的飞行任务中的航天员致以祝贺，任务成员也交换了礼物，并且在舱门关闭前共进一餐。

　　之后的一天对于双方航天员都十分忙碌。先有一个电视直播的飞船互访，在此之前还有一系列共同完成的科学实验。布兰德和库巴索夫一起工作，列昂诺夫也到"阿波罗"飞船加入斯塔福德和斯雷顿。到了下午晚些时候，任务成员发表了最后的致辞并且告别（斯塔福德说俄语口音太重，列昂诺夫开玩笑说任务共使用了三种语言：俄语、英语和"俄克拉何马斯基语"），之后他们回到各自的飞船，并最终关闭了舱门。

　　"阿波罗"和联盟号飞船在对接了 44 小时后，于 7 月 19 日分离。在分离的时刻，"阿波罗"飞船有意帮联盟号挡住太阳。这样苏联宇航员就可以拍摄日冕，同时避免被强光刺伤。在谨慎的移动中，两船又短暂交会了一次，之后才各自离开。两船依然停留在地球轨道中，继续进行实验并观测地球。7 月 21 日，联盟号在拜科努尔航天中心的降落点附近安全降落。"阿波罗"则在几天后的 7 月 24 日成功降落在夏威夷西部的太平洋中。

人员
MEN

    被 NASA 选为宇航员的人有着许多共同点。他们都是极其富于进取心的人，在一生中不断争取成功。他们都来自飞行专业，其中许多人曾经参与过危险的冷战飞行任务，通常是携带核武器在敌境飞行。另一些人则在朝鲜战争中执行过飞行任务，其中许多人担任过试飞员。大多数人都认为试飞员是飞行职业的巅峰，这些人会测试最新、最快、机动性最好也最先进的飞行设备。他们全都获得过理科学士学位，其中一些人进一步获得了航空或航天工程的硕士学位，有些人甚至拿到了博士学位。

    除了显而易见的职业相似性，他们还共享了许多人格特质。他们都渴望速度，要飞得最高、最远，但最重要的还是速度。他们大多数人从年轻时代就对飞行着迷，从飞行中获得的快感转化为一种瘾，贯穿了他们一生。

    其中最重要的例外是哈里森·舒密特。他在成长过程中并没有迷恋飞机而是着迷于科学，他也是唯一一名参与"阿波罗"任务的地质学家。

    后面几页介绍的宇航员共 12 名，是所有曾经踏上过月球的人。他们是优中选优，在分享了许多特点的同时，他们也拥有非常强的个人能力与技巧，对于组建一支太空旅行的经验团队都是必不可少的。

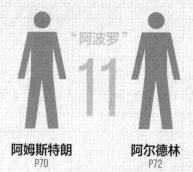

"阿波罗"

11

阿姆斯特朗
P70

阿尔德林
P72

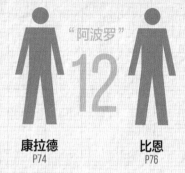

"阿波罗"

12

康拉德
P74

比恩
P76

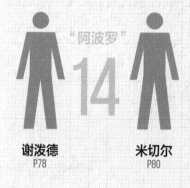

"阿波罗"

14

谢泼德
P78

米切尔
P80

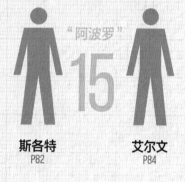

"阿波罗"

15

斯各特
P82

艾尔文
P84

"阿波罗"

16

杨
P86

杜克
P88

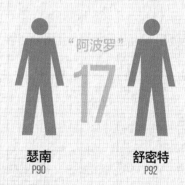

"阿波罗"

17

瑟南
P90

舒密特
P92

尼尔 · 阿尔登 · 阿姆斯特朗
NEIL ALDEN ARMSTRONG

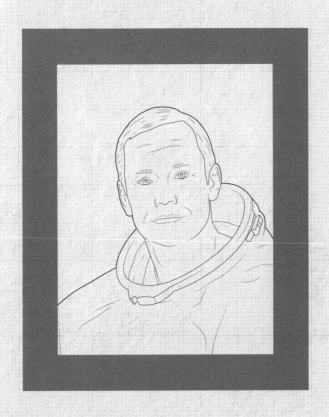

出生：
1930 年 8 月 5 日
俄亥俄州瓦帕科尼塔

杰出总统自由勋章
国会太空荣誉勋章
NASA 杰出服役勋章
国防服役勋章
朝鲜服役勋章
军事服役勋章
总统集体嘉奖（朝鲜战争）
联合国朝鲜战争勋章
朝鲜战争服役勋章

　　安静、喜欢思考，却非常坚定，尼尔在只有两岁时第一次观看航空表演，就对飞行产生了浓厚的兴趣。六岁生日那一周不久，他的父亲带他们飞了一次福特三引擎飞机，他完全着迷了。高中时，尼尔开始参加飞行课程，并且是一位积极的童子军成员，获得了童子军最高等级"雄鹰童子军"，这个等级需要多年才能获得。十六岁生日时，他就拿到了一个学生飞行许可，之后在当月就完成了第一次单人飞行。

　　1947 年，尼尔进入普渡大学学习飞行工程学。他的学业很快就中断了，因为他应召加入海军在朝鲜战争中作为飞行员服役。在接受了 18 个月的飞行训练后，他不久就离开朝鲜，成了一名经验丰富的海军飞行员。参战阶段他飞行了 78 次任务，被击落一次，获得过三次奖章。

1952 年，尼尔离开朝鲜并从海军退伍，加入了美国海军预备役直到 1960 年。他回到普渡大学完成学业，在 1955 年毕业。之后他成为国家飞行技术顾问委员会（NASA 的前身）的一名实验飞行员。在这里他试飞过各种各样的飞行器，包括火箭动力的飞机。在他的职业生涯中，一共获得了 200 枚飞行奖章。

作为一个快速学习者（大学里一直传颂阿姆斯特朗的大脑能像海绵一样学习知识），阿姆斯特朗被选入"双子星座"计划，1965 年他在"双子星座"8 号中进入过地球轨道。这次任务第一次完成了两架飞船的对接。他的下一次也是最后一次"双子星座"任务是作为"双子星座"11 号的预备指挥官。尽管这次任务中没有进入太空，他还是成了任务的指令舱通信员。毫无疑问，他最为人所知的时刻是随着"阿波罗"11 号登陆月球，成了第一名踏足其他天体的人类。

尼尔从月球返回后不久，就宣布不会再进行太空飞行，他在 1971 年从 NASA 退役。出于他著名的谦逊，尼尔常被称为一名"不情愿"的美国英雄。之后很多年，他一直在教授飞行工程学，以及避开闪光灯。

太空任务：

"双子星座"8 号
"阿波罗"11 号

舱外活动：

总计：
2 小时 31 分钟

在太空中的时间：

总计：
8 天 14 小时 12 分钟

小埃德温 · 尤金 · "巴兹" · 阿尔德林
EDWIN EUGENE 'BUZZ'ALDRIN JR.

出生：

1930 年 1 月 20 日

新泽西州蒙特克莱尔

空军杰出服役勋章

军团价值勋章

杰出飞行十字勋章 / 飞行勋章

空军嘉奖勋章

杰出团队勋章 / 杰出总统自由勋章

NASA 杰出服役勋章

NASA 特别服役勋章

国防服役勋章 / 朝鲜服役勋章

空军长期服役勋章

总统特别嘉奖（朝鲜战争）

联合国朝鲜勋章

朝鲜战争服役勋章

巴兹在小时候就有这个外号。他的一个姐妹会把兄弟（brother）错误地说成"巴兹尔"，于是他就缩短叫作"巴兹"——1988 年他把这个绰号改成了法定的名字。

在高中时，巴兹着迷于足球，但是受到父亲影响，他放弃了足球专注于学业。他提前一年从高中毕业，在 1947 年进入美国西点陆军学院学习机械工程学。他在 1951 年得到科学学士学位，是班里的第三名。

完成了西点军校的学业后，巴兹成了一名空军军官，之后作为飞行员在朝鲜战争中服役。他共进行了 66 次飞行任务，击落敌机两架。回国时因为战争中的贡献获得杰出飞行十字勋章。他继续在空军服役，1963 年在麻省理工学院获得了科学方向的博士学位。在毕业论文中，他讨论了太空对接的计划和技术，在日后 NASA 的相关任务中这些技术至关重要。

刚刚结束试飞员的服役，巴兹就在 1963 年年底被选为航天员。他先是作为"双子星座"9A 的后备任务成员，并在 1966 年最终入选最后一次"双子星座"任务——"双子星座"12 号。在这次任务中，他在地球轨道中进行了 5 小时的舱外活动，获得当时的最新纪录，证明了航天员可以有效地在舱外活动。几年后他入选了会被永远记住的"阿波罗"11 号，成为登月舱驾驶员，因为第一次登陆月球，作为最初两个踏足月球的人类之一而载入史册。阿尔德林登上月球的第一句话是："风景真美。"当阿姆斯特朗问道："难道不壮观吗？"，阿尔德林回答道："壮丽的荒凉。"

巴兹 1971 年离开 NASA，在服役 21 年后，退休之前，还曾经担任过一段美国空军试飞员学校的长官。之后的生活中，巴兹成了一名热情推动太空探索的大使和一名成功的作家，推出过科幻小说、回忆录和童书等作品。

太空任务：

"双子星座"12 号
"阿波罗"11 号

舱外活动：

总计
7 小时 52 分钟

在太空中的时间：

总计
12 天 1 小时 52 分钟

小查尔斯·"皮蒂"·康拉德
CHARLES 'PETE' CONRAD JR.

出生：

1930 年 6 月 2 日

宾西法尼亚州费城

海军杰出服役勋章

杰出飞行十字勋章

国会太空荣誉勋章

NASA 杰出服役勋章

NASA 特别服役勋章

克利尔杯（Collier Trophy）

哈曼杯（Harmon Trophy）

汤普森杯（Thompson Trophy）

　　皮蒂还很小时就表现得非常聪明，但一直难以应付学校功课。他有阅读困难症，当时人们还不了解这种问题。十一年级时因为大多数考试不及格，他被开除了。他的妈妈为他找到了一所更合适的学校，在那里他学会了和阅读困难症相处，并且最终取得了优秀的学业成绩。

　　假期中皮蒂开始在泡利机场工作，打一些零工，以换取学习飞的机会。随着他对飞机了解的深入，他的工作从打杂变成了养护飞机。皮蒂高中还没毕业就取得了自己的飞行员执照。他最后成绩非常好，在 1949 年，他进入普林斯顿大学学习飞行工程学，还取得了全奖奖学金。皮蒂攻读科学学士学位，在 1953 年毕业。大学毕业后，他加入海军，在海军飞行学校表现优异。皮蒂的海军生涯成绩斐然，以运输机飞行员开始，成为战斗机飞行员，最终成为试飞员。

1959 年，NASA 邀请皮蒂参加"水星"任务第一期的航天员选拔，所有候选人都需要接受他们看来侵犯、轻慢又多余的医学和心理测试。皮蒂是唯一一个反抗的人，并且在心理测试时"搞砸"了。他把自己的粪便样本扔在医学官员的桌子上，离开了选拔流程。这份样本用礼物盒包装，还打了红色的结。NASA 在皮蒂最初的申请上写了"不适合长时间飞行"。

皮蒂被自己的老友，参加过"水星"任务的艾伦·谢泼德劝说再次申请，在 1962 年开始受训成为航天员。皮蒂发现这一次的测试不那么烦人了，也控制住没有闹翻。1965 年的"双子星座"5 号是他的第一次任务。这次任务在太空中进行了将近 8 天，刷新了纪录。1966 年他作为指挥官参与了"双子星座"11 号，在绕地球飞行时成功地和一个作为目标的无人飞行器对接。皮蒂的巅峰时刻是 1969 年的"阿波罗"12 号任务，第二次让人类踏足月球。在他的最后一次太空任务——1973 年的天空实验室 2 号中，他成为指挥官，也是最早进入天空实验室太空站的成员。

太空任务：

"双子星座"5 号和 11 号
"阿波罗"9 号
天空实验室 2 号

舱外活动：

总计
12 小时 44 分钟

TIME IN SPACE:

总计
49 天 3 小时 38 分钟

艾伦 · 拉沃恩 · 比恩
ALAN LAVERN BEAN

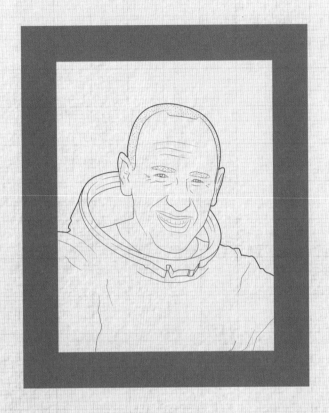

出生：

1932 年 3 月 15 日

得克萨斯州惠勒市

海军航天员翼章

海军杰出服役勋章

NASA 杰出服役勋章

威廉姆 · 帕尔森海军少将科学与
技术进步奖章

得克萨斯大学杰出校友奖章和
杰出工程毕业生奖章

美国学院电视艺术与科学人物奖章

　　艾伦生长在空军基地附近，因此对每天见到的飞机非常着迷。还是小孩时，他卧室的天花板上挂满了飞机模型，这是他热衷飞行和创造力的证明。对飞行的热情贯穿了他的学生时代，最终让他进入得克萨斯州大学学习飞行工程学并取得科学学士学位。学习期间，他还参与了体操和潜水比赛，在 1955 年取得学位。

　　大学毕业后，艾伦进入海军服役，并且参加飞行训练。完成训练后，他加入佛罗里达州杰克逊维尔的攻击喷气机飞行中队。在那里，在二十四岁时，他成为最年轻的 VA-44 飞行中队成员。在飞行中队的四年旅程完成后，他加入了马里兰州帕塔克森特河的海军试飞员学校。在那里，他获得驾驶多种海军飞行器的经验。当时他的教练是皮蒂·康拉德，他对艾伦的飞行天赋印象极深，之后推荐他加入了"阿波罗"12号任务。

1962年艾伦离开海军试飞员学校，加入了佛罗里达州另一个攻击飞行中队，这一次是在瑟希菲尔德。他决定成为新一代试飞员也就是航天员中的一员，他说："这要比驾驶飞机还有意思。"艾伦在这一年申请加入NASA，结果在最后一步没能入选。他毫不气馁，下一年继续申请。

NASA在1963年选中艾伦成为航天员，第一个任务是1966年，入选了"双子星座"10号的后备团队。艾伦一直等了三年才有机会进入太空，这次是1969年的"阿波罗"12号登月任务。他的第二次任务也是最后一次太空任务是1973年作为指挥官参与天空实验室3号，这次任务创下纪录，共在轨道中停留59天，飞行超过3900万千米。艾伦在NASA的最后一个主要角色是1975年作为"阿波罗"－联盟号任务的后备指挥官。

他的很多同事在NASA的事业之后进入政界或商界，艾伦不同于他们，1981年他从NASA辞职后成了一名画家。他的艺术表现了他在太空飞行的经历。

太空任务：

"阿波罗"12号
天空实验室3号

舱外活动：

总计
10小时26分钟

在太空中的时间：

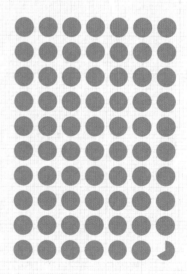

总计
69天15小时45分钟

小艾伦·巴特利·"埃尔"·谢泼德
ALAN BARTLETT 'AL' SHEPARD JR.

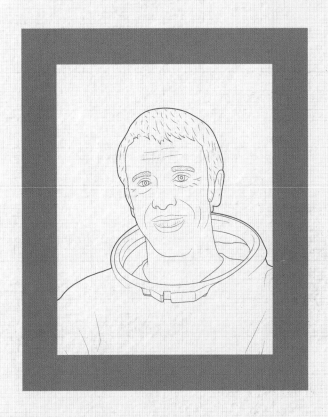

出生：
1923 年 11 月 18 日
新罕布什尔州戴利市

国会太空荣誉勋章
科学与探索金牌奖章
兰利金勋章
约翰·蒙哥马利奖章

    艾伦被认为是个非常聪明的孩子，因为他的能力，他在学校跳过了六年级和八年级。在高中时他开始对飞行感兴趣，还组织了一个航模俱乐部，和其他学生分享他的热情。1939 年开始，他会骑着自行车到家乡的机场打零工，以便换取一些飞行机会和非正式的飞行课程。

    "二战"爆发后，他的父亲鼓励他加入美国陆军，但是艾伦选择了海军，并且毫不费力地通过了海军学院的选拔考试。在学院中他成了一个出色的水手，善于划船和游泳。他在 1944 年 4 月毕业，同年 8 月被派遣到太平洋的"考格斯维尔"驱逐舰服役，在那里，他经历了各种事情，从神风敢死队的自杀式攻击，到能把船击沉的风暴。当战争快结束时，艾伦回到美国，在 1946 年开始基本飞行训练。艾伦在 1947 年得到海军航空兵翼章，并加入 42 战斗机中队。他在这个中队服役多年，直到被选中加入美国海军试飞员学校，并于 1951 年毕业。作为一名出色的试飞员，他测试了最新的空中加油技术，以及最重要的超高空飞行器。

1959 年，NASA 选拔坚定的艾伦成为第一批航天员参与"水星"3 号任务。这次任务会送第一个美国人进入太空。艾伦认真对待这个机会，戒烟并开始慢跑，但也发现自己很难放弃鸡尾酒以及和女士调情。1961 年 5 月 5 日，在尤里·加加林完成第一次载人航天飞行 23 天之后（看这个新闻时，艾伦猛砸桌子，一旁的同事都怕他把手弄伤），艾伦也完成了自己的飞行，一个 15 分钟的飞行，达到了海拔 187 千米。因为他内耳的问题，艾伦的下一次飞行等了将近十年。他的问题终于通过新的手术技术解决，艾伦也在 1971 年成了"阿波罗"14 号的指挥官。那一年他 47 岁，是登上月球年纪最大的人，也是唯一一个在月球上玩过高尔夫的人。

在他的晚年，艾伦通过银行业和房地产赚得了财富，也在许多公司担任董事。他还联合创立了"水星"7 号基金会并作为主席，这个基金向那些对科学和工程感兴趣的学生提供奖学金。

太空任务：

"水星 – 红石"3 号
"阿波罗"14 号

舱外活动：

总计
9 小时 23 分钟

在太空中的时间：

总计
9 天 0 小时 57 分钟

埃德加 · 迪恩 · "爱德" · 米切尔
EDGAR DEAN 'ED' MITCHELL

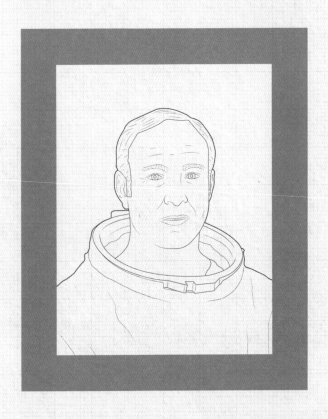

出生：
1930 年 9 月 17 日
得克萨斯州西尔福德市

总统自由勋章
载人航天中心杰出贡献奖章
阿诺德航空协会约翰 · 肯尼迪奖章
海军航天员翼章
海军杰出服役勋章
NASA 杰出服役勋章

埃德加出生在距离新墨西哥州罗斯维尔不远的一处牧场。他在四岁时就第一次飞行，那时一个乡间特技飞行员把飞机降落在附近的田野，在他父母那里加油。作为对燃油的酬谢，飞行员带小埃德加上飞机飞了一趟，这奠定了他一生对飞行的热爱。

埃德加进入卡耐基理工学院，并在 1952 年以工程管理的科学学士学位毕业。他在这一年加入海军，在圣迭戈新兵营完成基本训练，并在 1954 年成为海军飞行员。在海军服役期间，他对各种飞行器积累了飞行经验，有路基的巡逻飞机、舰载喷气机以及战术轰炸机。他最后成为一名试飞员，加入了航空实验 5 中队。

　　埃德加能回忆起他定下目标成为航天员的时刻。"我是在 1957 年下定决心的，那时斯普特尼克刚刚上天。"了解到人类也会紧随其后进入太空，他把所有精力投入这一计划中。埃德加在美国海军研究生学校攻读航空的学士学位，在 1961 年毕业，然后 1964 年又在麻省理工学院获得了航空与航天博士学位。之后他进入航空航天研究试飞员学校，在 1966 年成为试飞员，是班里成绩最好的。这期间，埃德加还为航天员候选人讲授高等数学和导航理论。

　　在获准成为试飞员后不久，NASA 在 1966 年选中埃德加成为航天员。先是作为支持成员参与"阿波罗"9 号，之后作为候补登月舱驾驶员参与"阿波罗"10 号。埃德加在"阿波罗"13 号的任务管理团队中发挥了重要作用，在模拟器中找到了策略将任务成员安全带回。因为他的贡献，他在 1970 年获得了尼克松总统颁发的总统自由勋章。1971 年，他终于获得了实现梦想的机会，成为"阿波罗"14 号的登月舱驾驶员。他的月球之旅是他唯一一次太空旅程。在任务中，他经历了"顿悟的瞬间"，感知到了某种信息，他将用余生去领悟。

太空任务：

"阿波罗"14 号

舱外活动：

总计
9 小时 23 分钟

在太空中的时间：

总计
9 天 0 小时 01 分钟

大卫·兰道尔夫·"戴夫"·斯各特
DAVID RANDOLPH 'DAVE' SCOTT

出生：

1932 年 7 月 6 日

得克萨斯州圣安东尼奥

NASA 杰出服役勋章
NASA 特别服役勋章
空军杰出服役勋章
杰出飞行十字勋章
空军协会大卫·舒林奖章
国际航空联合金奖章
联合国和平勋章
罗伯特·克利尔杯

　　大卫出生在兰道尔夫费尔德（因此得到了自己的中间名），他的父亲在那里的空军基地工作。他在三岁时就着迷于飞行，那时他就看着父亲穿着制服驾驶双翼飞机。

　　大卫在华盛顿特区的西部高中读书，在那里他拿到了好几项游泳的州纪录。他的父亲鼓励他追求成功，他的努力也得到了回报，考入了西点军校。他在 1954 年以科学学士学位毕业，并且取得了 633 名学生中第五名的成绩。因为他的优异成绩，他有机会选择加入哪个军种。为了驾驶喷气机，他选择加入了空军。大卫先是被派遣到得克萨斯州韦伯空军基地，在 1955 年完成了他的飞行员训练。之后进入得克萨斯州拉夫林空军基地完成他的火炮学训练，之后又来到亚利桑那州卢克空军基地。他的第一个任务是在荷兰的索斯特堡空军基地服役，在那里他从 1956 年服役到 1960 年。他的工作包括在跨欧洲的冷战任务中驾驶超声速喷气机。

任期结束后，大卫回到美国学习。他进入麻省理工学院，在 1962 年又得到两个学位——航空和航天硕士学位及航空工程学硕士学位。大卫之后受训成为试飞员，1963 年从空军实验试飞员学校毕业，又在 1964 年从航空航天研究试飞员学校毕业。

NASA 在 1963 年选中大卫，他在 1966 年和尼尔·阿姆斯特朗一起被选中加入了"双子星座"8 号任务，这次任务在其他方面取得了成功，大卫却因为有缺陷的推进器没能如期进行太空行走。1969 年，他成为"阿波罗"9 号的指挥舱驾驶员，这是第一次发射齐备的"阿波罗"飞船。大卫的第三次太空飞行在 1971 年，作为"阿波罗"15 号的指挥官，他不仅进行了月球行走，也是最早使用月球车的任务成员。

太空任务：

"双子星座"8 号
"阿波罗"9 号和 15 号

舱外活动：

总计
18 小时 35 分钟

在太空中的时间：

总计
22 天 18 小时 53 分钟

詹姆斯·本森·"吉姆"·艾尔文
JAMES BENSON 'JIM' IRWIN

出生：

1930 年 3 月 17 日
宾夕法尼亚州匹茨堡

指挥航天员翼章
空军杰出服役勋章
空军嘉奖勋章
NASA 杰出服役勋章
联合国和平奖章
空军协会大卫·舒林杯
罗伯特·克利尔杯
哈雷航天员奖章
阿诺德航空协会约翰·肯尼迪杯

吉姆对飞行的兴趣大约开始在六岁，邻居送给他一个飞机模型，他后来一直珍藏着。他的热情一直保持到青年时代。他的父亲是一名旅行水管工人，会带着他短途旅行到本地的机场看飞机起降。吉姆在犹他州盐湖城进入高中，在 1947 年毕业。

吉姆进入美国海军学院，并在 1951 年获得海军科学学士学位，之后立刻就在得克萨斯州洪多市进行飞行训练。吉姆学得非常快，很快就觉得 T6 教练机不够挑战，就在他成为海军飞行员时，他甚至想离开军队去开民航飞机。当他开始驾驶 P51 战斗机后，一切都变了。这种绝对的刺激让他有了全新的追求，从那时起他知道自己为飞行而生。

为了追求新的刺激他决定成为试飞员。为此他需要获得硕士学位，因而进入密歇根大学学习航空工程学和仪器工程学。他在 1960 年毕业，开始在加利福尼亚州空军实验试飞员学校受训。刚刚获得资格，他就作为学习中的试飞员参与洛克希德公司的 YF-12 型飞机测试，这种飞机还是绝密，是当时制造出的飞得最快、最高的飞机。吉姆的未来一度停滞不前，1961 年他乘坐的学生驾驶的飞机坠毁，两人都幸存了，但吉姆得了健忘症和粉碎性骨折，差点失去一条腿。他最终完全复原，并在 1962 年重新飞行。之后的一年，他在航空航天研究试飞员学校完成训练，让他可以试飞一系列更前沿的飞行器。

吉姆在 1966 年被 NASA 选为航天员，他的第一次任务是"阿波罗"10 号，作为一名支持成员；之后是"阿波罗"12 号，他成了后备登月舱驾驶员。他唯一一次太空任务是 1971 年搭乘"阿波罗"15 号。

太空任务：

"阿波罗"15 号

舱外活动：

总计
18 小时 35 分钟

在太空中的时间：

总计
12 天 7 小时 12 分钟

约翰·沃茨·杨
JOHN WATTS YOUNG

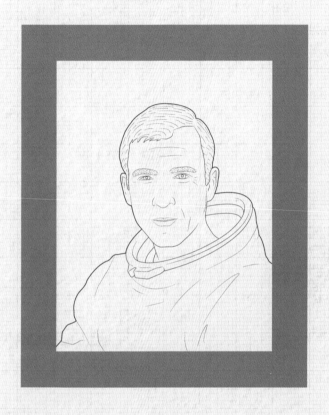

出生：
1930 年 9 月 24 日
加利福尼亚州旧金山

詹姆斯·希尔将军太空终身成就奖
科学与探索金牌奖章
美国航天协会太空飞行奖章
NASA 杰出服役勋章

　　因为大萧条，约翰在只有 18 个月大时就和他的家人离开了加州，他们先搬到佐治亚，之后是佛罗里达并在那里定居。约翰在佛罗里达州读了高中。在这里，他把自己大量阅读的爱好和制作飞机模型结合在一起。约翰在 1948 年高中毕业，进入佐治亚理工学院攻读了飞行工程学的科学学士学位，在 1952 年以最高荣誉毕业。

　　大学毕业后约翰加入海军，在飞行训练之前曾在朝鲜服役。曾有一段时间他准备成为一名直升机飞行员，之后有四年作为战斗机飞行员，驾驶了"佛瑞斯塔"号航空母舰上的各种飞机。约翰在 1959 年成为试飞员，并被派遣到海军航空试飞中心，之后的三年里，他测试了多种最新军事设备。在这段时间，他创造了两次爬升速度纪录，创造了从海拔 3000 米爬升到 25000 米的历史最短时间。他是一个天才飞行员，同行说看他驾驶飞机就好像飞机穿在他身上一样。

约翰在 1962 年加入 NASA 成为航天员。1965 年，他第一次获得太空任务"双子星座"3 号，这是第一次载人的"双子星座"任务。约翰又一次创造了纪录，在飞船上偷偷带了一块腌牛肉三明治。任务中，当他们正要品尝太空食品时，约翰把三明治拿了出来，让他的飞行员搭档格里森非常意外和惊喜。尽管只咬了一口，三明治就被扔了（碎渣在微重力环境下开始乱飞），他还是在回程途中被严厉训斥。

在三明治事件后，约翰的未来一度很不确定。然而，在成为"双子星座"6A 的后备飞行员后，他又一次进入太空，这次是 1966 年作为"双子星座"10 号的指挥官。紧跟着这一年他被征召进入"阿波罗"计划。他成为"阿波罗"7 号的后备指挥舱驾驶员，之后又作为"阿波罗"10 号的指挥舱驾驶员，参与了登月的"彩排"，这一次他成为第一个独自绕月飞行的人。他在"阿波罗"13 号中担任后备指挥官，但是直到"阿波罗"16 号之前都没能获得探索月球表面的殊荣。约翰是航天飞机计划的成员，作为指挥官参加了处女航——1981 年的 STS-1 任务。他最后一次太空之旅是 1983 年的 STS-9 任务。约翰有着最长的航天员职业生涯，为 NASA 工作了 42 年。

太空任务：

"双子星座"3 号和 10 号
"阿波罗"10 号和 16 号
STS-1 和 STS-9

舱外活动：

总计
20 小时 14 分钟

在太空中的时间：

总计
34 天 19 小时 35 分钟

小查尔斯 · 莫斯 · "查理" · 杜克
CHARLES MOSS 'CHARLIE' DUKE JR.

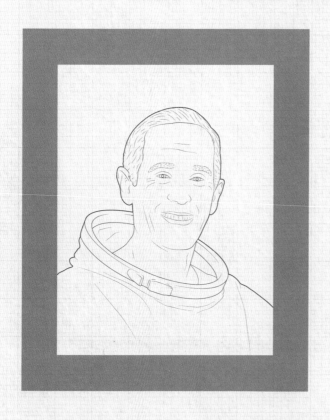

出生：

1935 年 10 月 3 日

北卡罗来纳州夏洛蒂

NASA 杰出服役勋章
约翰逊太空中心证书
空军杰出服役勋章
军团价值勋章
空军指挥航天员翼章
实验试飞员社伊文 · 金切洛奖章
美国航天协会飞行成就奖章
美国航空与航天研究所
哈利 · 航天奖章

查理在南卡罗来纳州兰卡斯特读高中，之后转入佛罗里达州法拉格特海军上将学院，在那里他成了当年成绩最好的学生。怀着报效祖国的热情，高大帅气的杜克毕业后加入了美国海军学院，在 1957 年取得海军科学的科学学士学位。

查理加入空军后，最初在佐治亚州斯彭斯空军基地进行飞行训练，之后又转去得克萨斯州韦伯空军基地。他以优异成绩在 1958 年完成训练，之后又加入高级飞行训练，依然以优异成绩毕业。查理在海军的第一个任务是加入在德国的 526 飞行中队当战斗机飞行员，共服役三年。

从德国回来后，查理加入航空航天研究试飞员学校，在 1965 年完成训练。他留在学校担任教练，教授控制系统和快速喷气式飞机飞行，获得了多种超高速喷气式飞机的飞行经验。

1966 年查理入选"阿波罗"计划航天员。他是"阿波罗"10 号的后备飞行员，并在"阿波罗"11 号第一次登月时担任指令舱通信员。他那浓重的南方口音在回答阿姆斯特朗时为世界所熟知："收到，清、清楚。我们在地面收到。你们把不少人脸都吓绿了。我们刚喘了口气。多谢。"他的下一次"阿波罗"任务是作为"阿波罗"13 号的后备登月舱驾驶员。在为这次任务受训时，查理得了麻疹，不知不觉传染了主航天员和后备航天员。肯·麦丁力是一个对麻疹没有免疫力的主任务成员，结果被杰克·斯威格特替换。

查理在"阿波罗"16 号时迎来机会，这一次他在月球表面待了三天，是整个计划第二长的任务。查理也参与了最后一次任务——"阿波罗"17 号，作为后备登月舱驾驶员。

太空任务：

"阿波罗"16 号

舱外活动：

总计
20 小时 15 分钟

在太空中的时间：

总计
11 天 1 小时 51 分钟

尤金·安德鲁·"金"·瑟南
EUGENE ANDREW 'GENE' CERNAN

出生：

1934 年 3 月 14 日

伊利诺伊州贝尔伍德

海军飞行员航天员勋章
海军杰出服役勋章
杰出飞行十字勋章
国防服役勋章
NASA 杰出服役勋章
NASA 特别服役勋章

当金看了许多飞机从航空母舰上起飞的短片后，飞行立刻成了他的童年梦想。金入读普渡大学，希望不光能获得学位，还可以加入海军。他在 1956 年获得电子工程学的科学学士学位，并在同年加入海军。

金在 1957 年成为海军飞行员，在加利福尼亚州米拉马尔与攻击飞行中队 126 和 113 一起担任战斗喷气机飞行员。太空竞赛已经开始，对金来说，驾驶火箭飞船进入太空的机会出现了。他毫不犹豫就申请成为航天员，当天晚上就接到了电话，一个高级海军军官询问他是否考虑参加"阿波罗"计划，这么重大的机会需要一会儿适应，之后他立刻热情地接受了。

金的第一次太空飞行是 1966 年的"双子星座"9A。最初作为后备成员入选。他不得不在两名成员因为飞机事故丧生之后加入。任务遇到很多技术问题，但任务成员还是模拟了很多"阿波罗"计划需要用到的技术环节。

1969 年金成为"阿波罗"10 号的登月舱驾驶员，作为第一次登月的"彩排"，这一次他进行了三次太空行走。他最后一次进入太空的任务是"阿波罗"17 号，这也是"阿波罗"任务的最后一次。金成了在月球上踏足的最后一人，在收起上升级舷梯时他还成了最后一个在月球上说话的人："鲍勃，我是金，我正在月球上。我正走完人类在月球的最后几步，先回家，以后再来。我们都相信再来的日子不会太远。我想说几句我认为历史会记住的话：美国今天的挑战会铸就人类未来的命运。我们正从陶拉斯·利特罗离开，我们离开如同我们前来，跟随上帝的旨意，我们还会回来，为全人类的和平与希望。祝'阿波罗'17 号成员一路顺风。"

金在 1976 年从 NASA 和海军退役，进入公司工作。他依然作为一位热情的演说家参与太空行动，并且多次担任航天飞机电视转播的解说员。

太空任务：

"双子星座"9A
"阿波罗"10 号和 17 号

舱外活动：

总计
24 小时 11 分钟

在太空中的时间：

总计
23 天 14 小时 15 分钟

哈里森·哈根·"杰克"·舒密特
HARRISON HAGAN 'JACK' SCHMITT

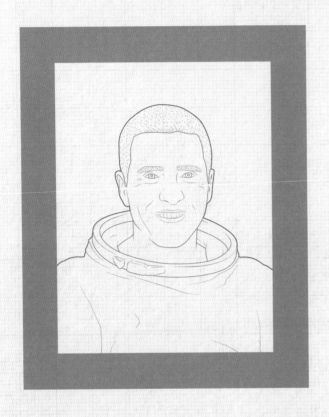

出生:

1935年6月3日
伊利诺伊州贝尔伍德

NASA 杰出服役勋章
G.K. 吉尔伯特奖章
莱夫·埃里克森探索奖章

　　杰克是登上月球的人中第一个也是唯一一个不是飞行员出身的。作为一名地质学家，他的许多能力对于"阿波罗"计划非常有好处，却是飞行员不具备的。

　　杰克成长于新墨西哥州的一个小镇。像其他航天员一样，他在童年就展现了许多天赋，但是和他们不同，飞机、喷气机和火箭并不让他兴奋难耐。他的父亲是一名采矿地质学家，在他童年时就让他接触了科学，小杰克的周末通常都在野外工作。杰克在加州理工学院学习地质学，在1957年获得了科学学士学位。他又旅行到奥斯陆大学从事野外工作，这段经历让他在1964年获得哈佛大学博士学位。

为继续他的研究，杰克回到美国，在新墨西哥州和蒙大拿州从事地质调查，之后又加入亚利桑那州弗拉格斯塔夫市的天体地质中心工作。在这里，杰克和其他地质学家与航天员一起在野外工作，教授他们地质成因，以及在月球该寻找什么。在这期间，杰克的野外地质工作已经涉及在"阿波罗"计划中可以使用的技术，当他听说 NASA 在招募科学家航天员时，他毫不犹豫地应征。他成功了，但是因为没有飞行背景，他需要接受一个为期 53 周的紧张的飞行训练。杰克在 1965 年被空军授予喷气机飞行员许可。之后在 1967 年，美国海军授予他直升机飞行员许可。他在飞行训练中依然参加"阿波罗"计划，帮助挑选着陆地点，并开发着陆后使用的野外工具。

杰克最初要加入"阿波罗"18 号，但因为预算缩减，18 号被取消，他被重新安排到了"阿波罗"17 号。在整个计划结束之前有一名专业的地质学家可以第一手研究月球，这非常重要。他收集了所有"阿波罗"任务中最有意思的月岩样本，让我们对月球历史有了更多了解，包括月球曾有过活跃磁场。舒米特在 1975 年从 NASA 退休，成为共和党参议员，之后也从事商业、地质学、太空和公共政策的顾问工作。

太空任务：

"阿波罗" 17 号

舱外活动：

总计
22 小时 14 分钟

在太空中的时间：

⬤⬤
⬤◖
⬤◖
⬤
⬤
⬤
⬤
⬤
⬤
⬤

总计
12 天 13 小时 52 分钟

更多
MORE

在整个"阿波罗"任务期间：

380.1
带回的
月岩千克数

12
登上月球的
人类

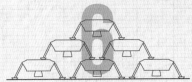

6
留在月球的
登月舱下降级

$**240** 美元
1959 年 到 1973 年
在 计 划 上 花 费

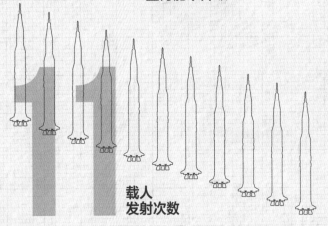

11
载人
发射次数

3
留在
月球
的月
球车

5
在月球上部署的月球表面实验包

2
留在月球的
高尔夫球

28 984 108
载人指挥舱旅行
的千米数

9
航行到月球
又返回的任务

6
月球登陆

90.2
月球车在月球的旅行千米数

质量比较
MASS COMPARISONS

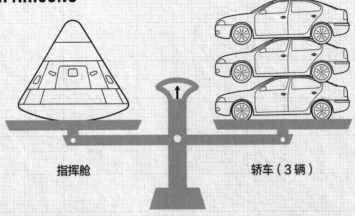

指挥舱　　　　　　　　　　轿车（3 辆）

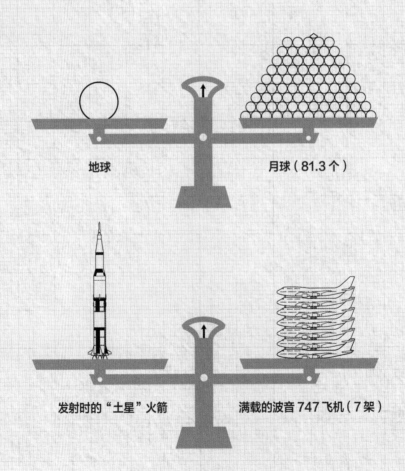

地球　　　　　　　　　　月球（81.3 个）

发射时的"土星"火箭　　满载的波音 747 飞机（7 架）

月亮树
MOON TREES

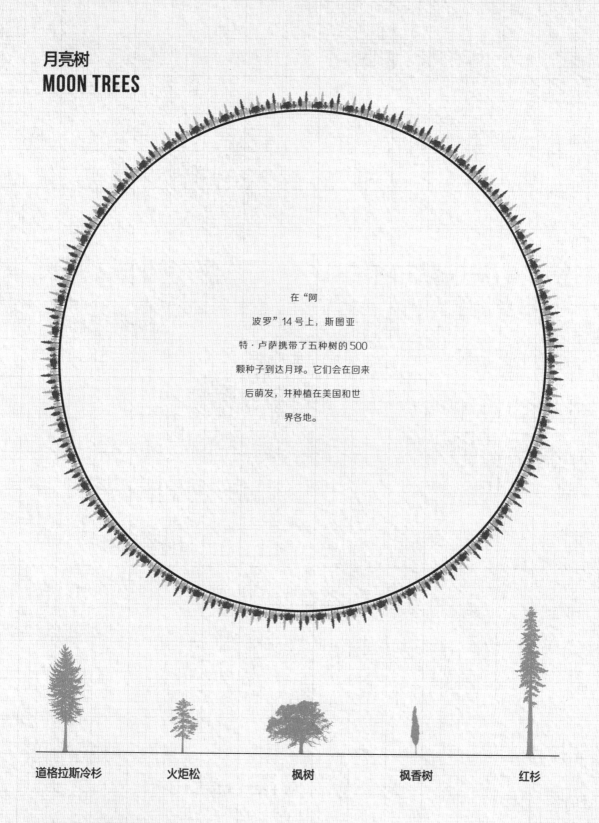

在 "阿
波罗" 14 号上，斯图亚
特·卢萨携带了五种树的 500
颗种子到达月球。它们会在回来
后萌发，并种植在美国和世
界各地。

道格拉斯冷杉 　　　火炬松 　　　 枫树 　　　 枫香树 　　　 红杉

反射光
REFLECTED LIGHT

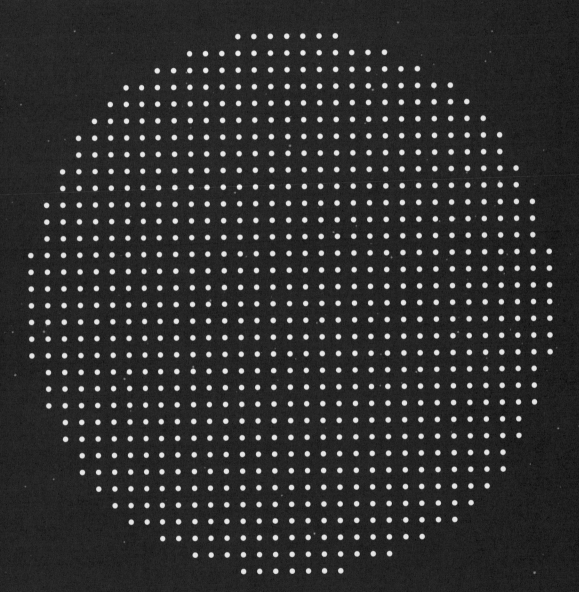

月球反射了 7% 的可见光。

月球轨道
THE MOON'S ORBIT

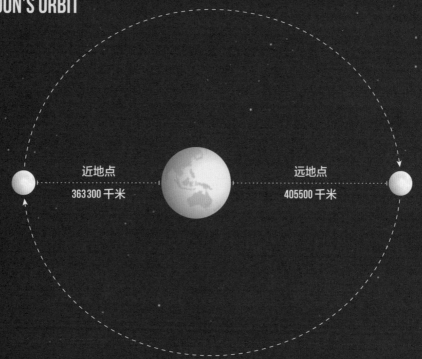

近地点
363 300 千米

远地点
405 500 千米

月球绕地轨道为椭圆形，因此和地球的距离是变化的。

近地点是离地球最近的点，远地点是最远的点。

超级月亮和微型月亮
SUPERMOONS AND MICROMOONS

在近地点月球会大14%，亮30%，这种现象叫作超级月亮。

在远地点月球会更小、更暗淡，叫作微型月亮。

超级月亮

微型月亮

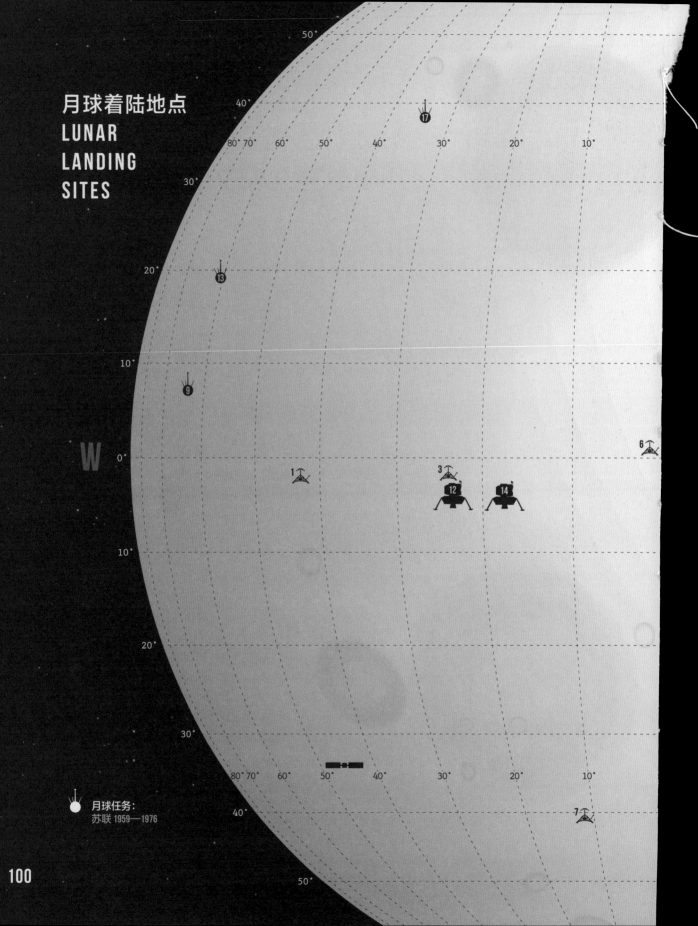

月球着陆地点
LUNAR
LANDING
SITES

50°

40°
80° 70° 60° 50° 40° 30° 20° 10°

17

30°

20°
13

10°

9

W 0°

1
3 6
12 14

10°

20°

30°
80° 70° 60° 50° 40° 30° 20° 10°

40°
7

月球任务:
苏联 1959—1976

50°

"阿波罗"载人任务：
美国 1969—1972

"勘测者"号：
美国 1966—1968

Hiten 任务：
日本 1993

SMART-1：
欧洲航天局 2006

任务徽章和太空船呼号
MISSION INSIGNIA AND SPACECRAFT CALL-SIGNS

"阿波罗" 1 号

🔺：无

🚀：无

"阿波罗" 7 号

🔺："阿波罗" 7 号

🚀：无

"阿波罗" 8 号

🔺："阿波罗" 8 号

🚀：无

"阿波罗" 12 号

🔺：扬基快艇

🚀：无畏

"阿波罗" 13 号

🔺：奥德赛

🚀：水瓶座

"阿波罗" 14 号

🔺：小鹰

🚀：心大星

每一次载人任务都会设计一枚刺绣徽章，由宇航员和参与任务的工作人员佩戴。

"阿波罗" 9 号

🔺：水果软糖

🛰：蜘蛛

"阿波罗" 10 号

🔺：查理·布朗

🛰：史努比

"阿波罗" 11 号

🔺：哥伦比亚

🛰：鹰

"阿波罗" 15 号

🔺：奋进

🛰：猎鹰

"阿波罗" 16 号

🔺：卡斯帕

🛰：猎户座

"阿波罗" 17 号

🔺：亚美利加

🛰：挑战者

每一次任务指挥舱和登月舱都会起一个呼号，用于在无线电通信中确认飞船。

宇航员体重 ASTRONAUT WEIGHTS

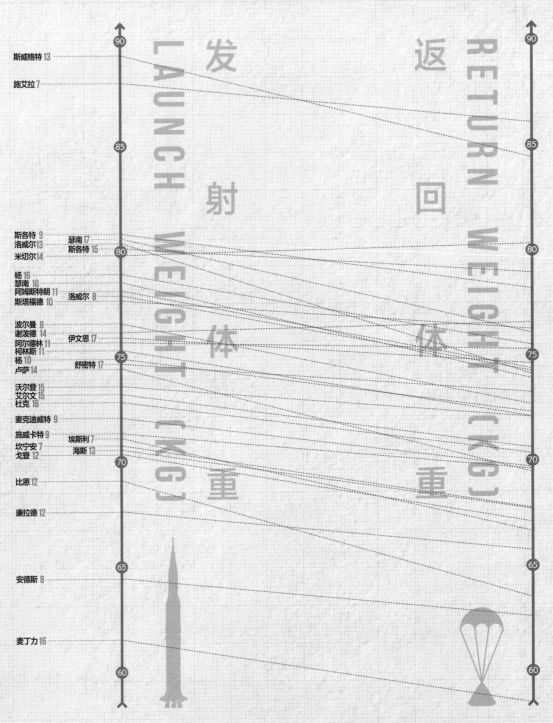

斯威格特 13
施艾拉 7

斯各特 9
洛威尔 13   瑟南 17
米切尔 14   斯各特 15

杨 16
瑟南 10
阿姆斯特朗 11   洛威尔 8
斯塔福德 10

波尔曼 8
谢泼德 14   伊文思 17
阿尔德林 11
柯林斯 11
杨 10   舒密特 17
卢萨 14

沃尔登 15
艾尔文 15
杜克 16

麦克迪威特 9

施威卡特 9   埃斯利 7
坎宁安 7   海斯 13
戈登 12

比恩 12

康拉德 12

安德斯 8

麦丁力 16

LAUNCH WEIGHT (KG)
发射体重

RETURN WEIGHT (KG)
返回体重

发射观察员
LAUNCH SPECTATORS

出于安全考虑，观察员在距离发射地点 5 千米处观看。

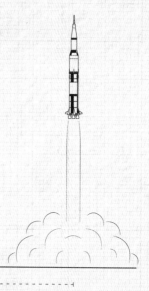

5KM

太阳系中最大的卫星
LARGEST MOONS IN THE SOLAR SYSTEM

地球的卫星（月亮）的大小在太阳系各行星的卫星中位列第五，它的直径超过地球的四分之一，使它成为太阳系中与原行星相对比例最大的卫星。

地球

月球

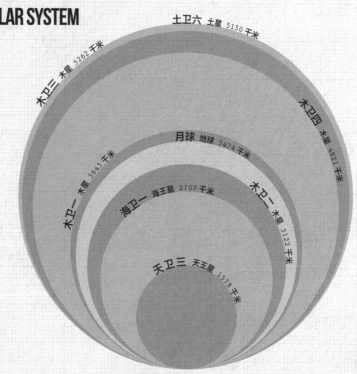

土卫六 土星 5150 千米

木卫三 木星 5262 千米

木卫四 木星 4821 千米

月球 地球 3474 千米

木卫一 木星 3643 千米

海卫一 海王星 2707 千米

木卫二 木星 3122 千米

天卫三 天王星 1578 千米

登月舱着陆的准确度
LUNAR MODULE LANDING ACCURACY

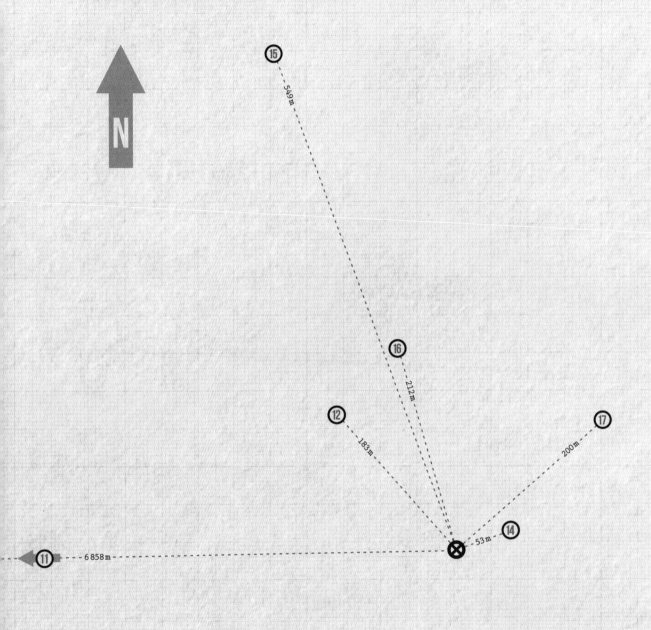

⊗ 目标着陆点　　　○ 实际着陆点

月球构成 MOON COMPOSITION

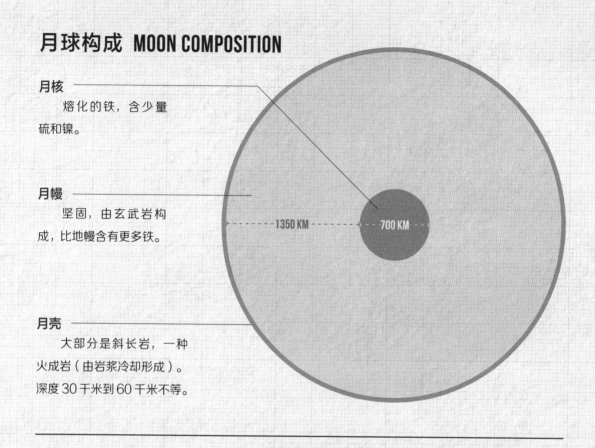

月核
熔化的铁，含少量硫和镍。

月幔
坚固，由玄武岩构成，比地幔含有更多铁。

1350 KM — 700 KM

月壳
大部分是斜长岩，一种火成岩（由岩浆冷却形成）。深度 30 千米到 60 千米不等。

月壳的元素 ELEMENTS IN THE LUNAR CRUST

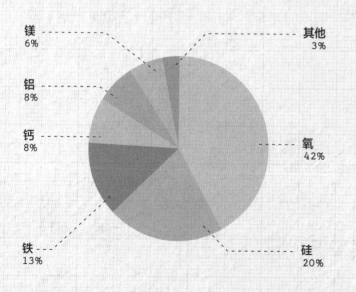

镁
6%

其他
3%

铝
8%

钙
8%

氧
42%

铁
13%

硅
20%

依靠"阿波罗"计划带回的样本，科学家对月壳的了解比其他部分更多。

左图显示了月岩和月球土壤中各种元素的含量。

指挥舱航行距离
DISTANCES TRAVELLED BY COMMAND MODULES

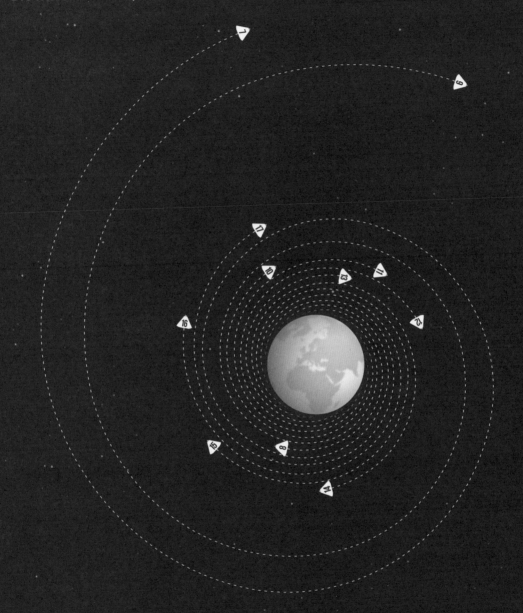

"阿波罗" 7号：	7322515 千米	"阿波罗" 11号：	1534832 千米	"阿波罗" 15号：	2051914 千米
"阿波罗" 8号：	933419 千米	"阿波罗" 12号：	1533704 千米	"阿波罗" 16号：	2238598 千米
"阿波罗" 9号：	6787247 千米	"阿波罗" 13号：	1002123 千米	"阿波罗" 17号：	2391485 千米
"阿波罗" 10号：	1335755 千米	"阿波罗" 14号：	1852516 千米		

降落地点 – 距离目标距离
SPLASHDOWN – DISTANCE TO TARGET

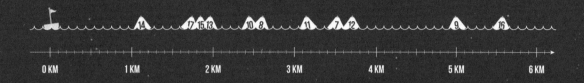

0 KM	1 KM	2 KM	3 KM	4 KM	5 KM	6 KM

宇航员年龄
ASTRONAUT AGE

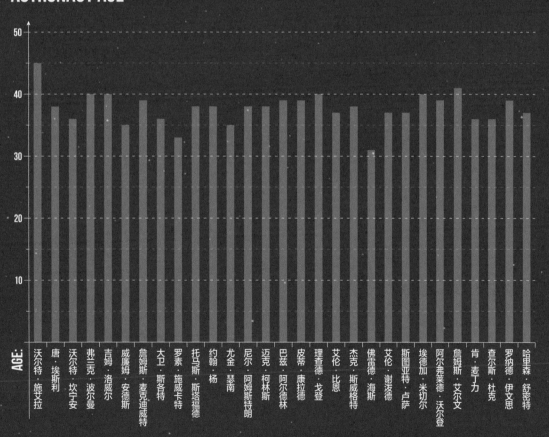

宇航员在第一次执行"阿波罗"任务时的年龄。

在太空中的时间
ACCUMULATED TIME IN SPACE

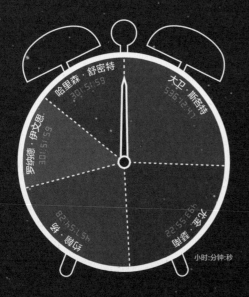

哈里森·舒密特
305:15:59

大卫·斯客特
536:12:47

罗纳德·伊文思
305:15:59

约翰·杨
82:45:15h

尤金·瑟南
295:55:16h

小时:分钟:秒

五位在太空中时间最长的"阿波罗"计划
宇航员的时间总和。

月球车最高速度
TOP SPEEDS OF LUNAR ROVERS

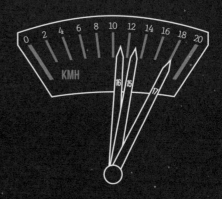

	"阿波罗"15 号:	艾尔文、斯各特
	"阿波罗"16 号:	杜克、杨
	"阿波罗"17 号:	舒密特、瑟南

"阿波罗"15、16、17 号中月球车达到
的最高速度。

与月球的距离　DISTANCE TO THE MOON

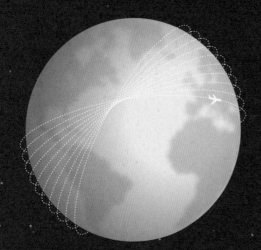

绕地球 10 圈

去月球的单程距离

地球轨道高度范围
EARTH ORBIT ALTITUDE RANGES

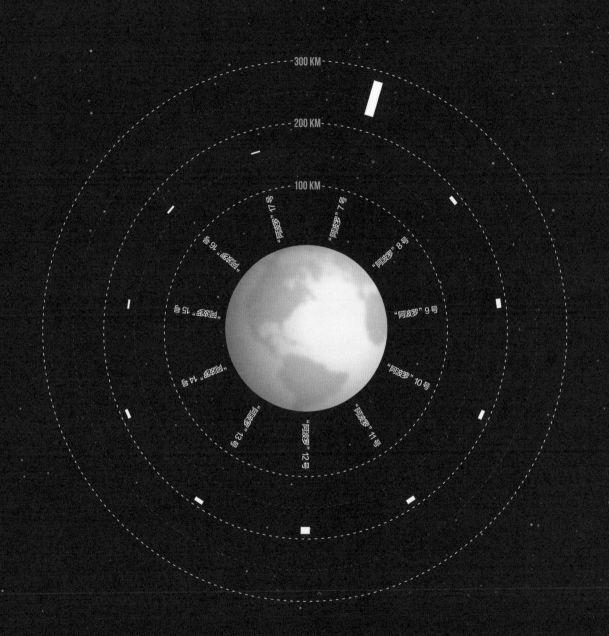

300 KM

200 KM

100 KM

"阿波罗" 17号

"阿波罗" 7号

"阿波罗" 16号

"阿波罗" 8号

"阿波罗" 15号

"阿波罗" 9号

"阿波罗" 14号

"阿波罗" 10号

"阿波罗" 13号

"阿波罗" 11号

"阿波罗" 12号

月球车行驶距离 DISTANCES TRAVELLED BY LUNAR ROVER

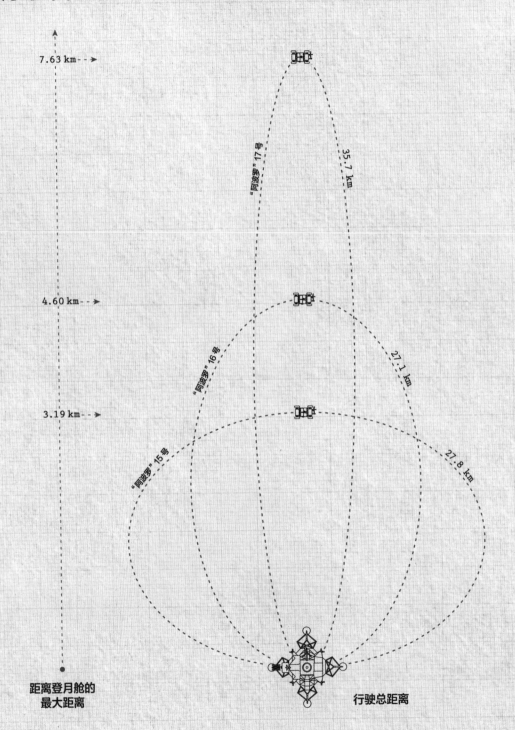

7.63 km - - →

"阿波罗" 17 号

35.7 km

4.60 km - - →

"阿波罗" 16 号

27.1 km

3.19 km - - →

"阿波罗" 15 号

27.8 km

距离登月舱的
最大距离

行驶总距离

"阿波罗"任务的饮食　APOLLO FOOD RATIONS

早餐
培根块
肉桂面包块
加拿大培根配苹果酱
玉米片
混合果汁
炒蛋
香肠拼盘
水果麦片
杏
桃子

沙拉和汤
鸡肉米汤
龙虾浓汤
豌豆汤
马铃薯汤
鲜虾沙拉
番茄汤
金枪鱼沙拉

肉类
牛肉卷
牛肉配蔬菜
炖牛肉
鸡肉配米饭
鸡肉配蔬菜
炖鸡肉
猪肉配焗土豆
肉酱意大利面
肉汁牛肉
法兰克福香肠
肉丸配酱汁
肉汁火鸡

三明治和面包
面包
番茄酱
切达干酪
鸡肉沙拉
火腿沙拉
果冻
芥末
花生酱

甜点
苹果酱
香蕉布丁
奶油布丁
巧克力布丁
蔓越莓、橘子酱
桃子水果捞

零食
布朗尼
焦糖
巧克力棒
奶油鸡肉丸
奶酪脆
奶酪三明治
牛肉三明治
果冻水果糖
牛肉干
花生糖
山核桃
菠萝水果蛋糕
甜曲奇
炸火鸡丸

饮料
可可
咖啡
葡萄汁
葡萄柚汁
葡萄潘趣酒
橙子和葡萄柚汁
橙汁
菠萝和葡萄柚汁
菠萝和橙汁

可再水化碗勺

一个塑料容器，内部的食品用小勺子食用。

再水化饮料

干燥的材料，与密封袋中的水混合后食用。

半湿食品

低湿度的食品，加入添加剂防止微生物滋生。

脱水食品

脱水食材，与密封袋中的水混合后食用。

加热食品

加热食品，用高温杀灭有害的微生物。

自然状态食品

坚果、谷物条等食品，用干净的小袋密封。

"土星" 5 号运载火箭高度 SATURN V HEIGHT

"土星" 5 号运载火箭: 111 米

大本钟: 96 米

自由女神像: 93 米

波音 747: 71 米

航天飞机: 56 米

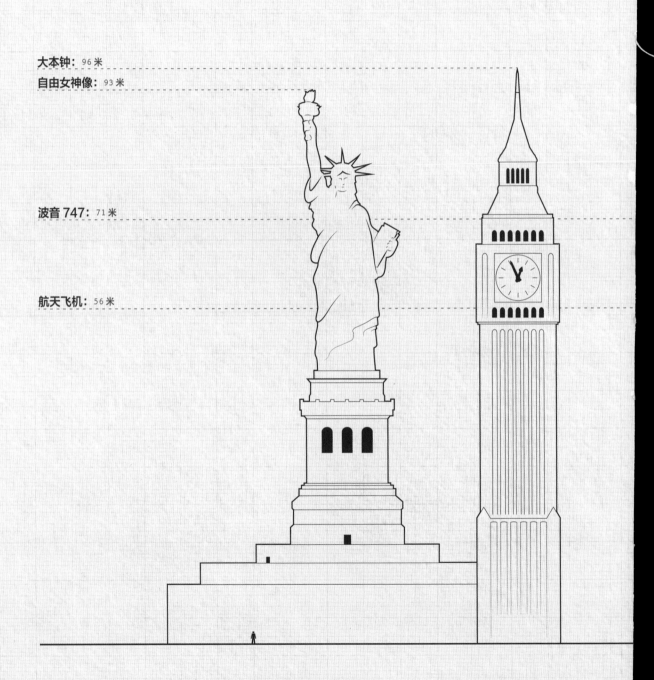

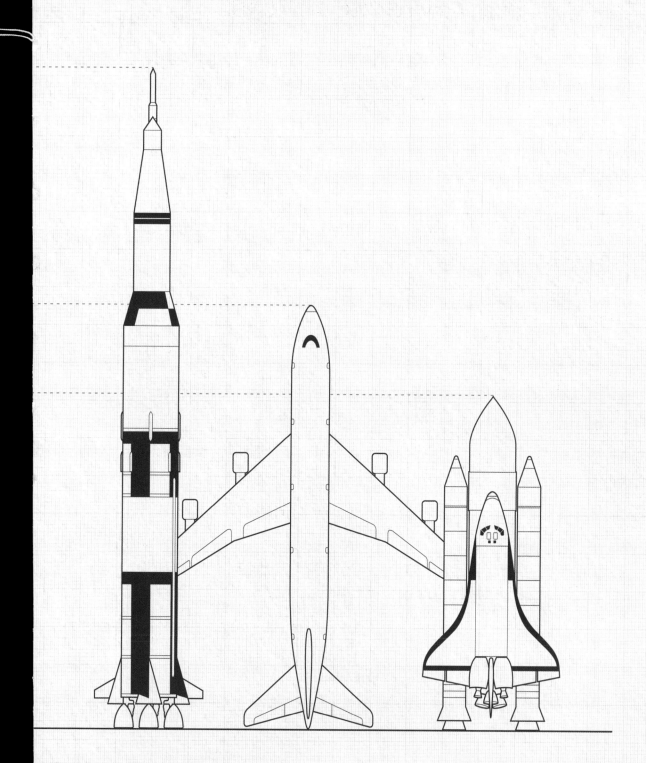

指挥舱控制面板 COMMAND MODULE CONTROL PANEL

主显示面板有 2 米宽，91 厘米高。分成三部分，对每一个任务成员展示不同的信息。

71 盏灯

40 个机械旋钮

24 个仪表

566 个开关

指挥舱线缆长度
COMMAND MODULE WIRING

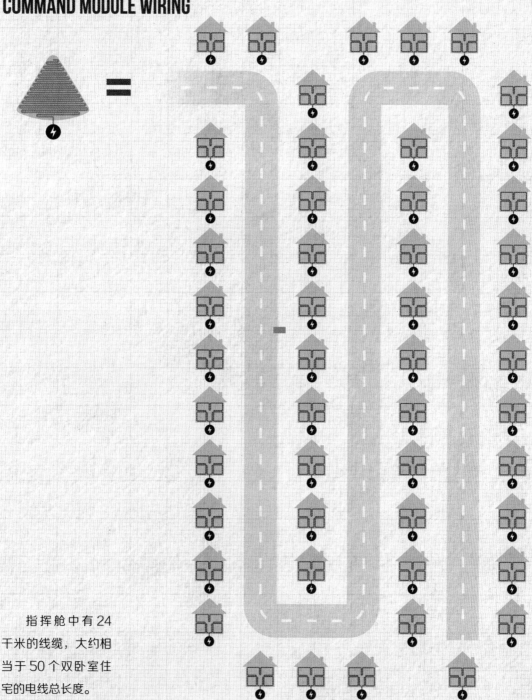

指挥舱中有 24 千米的线缆，大约相当于 50 个双卧室住宅的电线总长度。

"阿波罗" 14 号速度对比
APOLLO 14 CSM SPEED COMPARISON

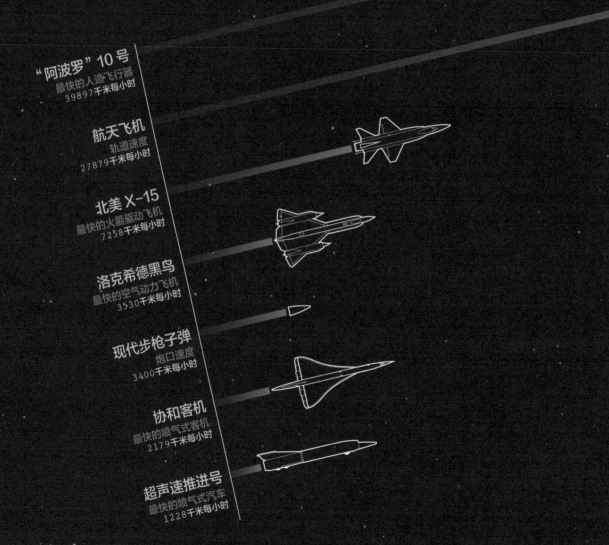

"阿波罗" 10 号
最快的人造飞行器
39897千米每小时

航天飞机
轨道速度
27879千米每小时

北美 X-15
最快的火箭驱动飞机
7258千米每小时

洛克希德黑鸟
最快的空气动力飞机
3530千米每小时

现代步枪子弹
炮口速度
3400千米每小时

协和客机
最快的喷气式客机
2179千米每小时

超声速推进号
最快的喷气式汽车
1228千米每小时

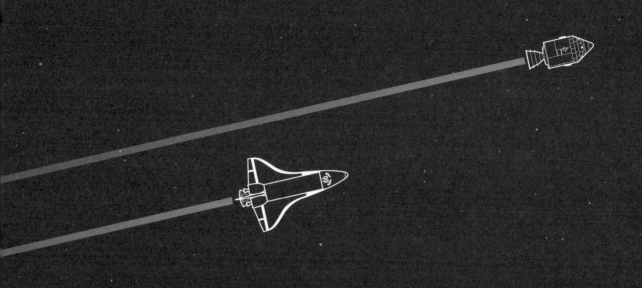

"阿波罗"10号的指挥舱达
到了所有任务中最快的速度。任
务成员至今保持着移动最快的人
类的历史纪录。

地球着陆地点
EARTH SPLASHDOWN SITES

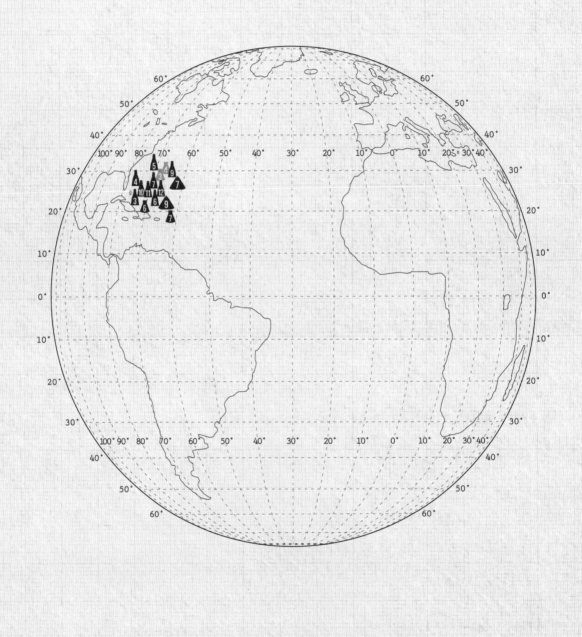

"阿波罗"着陆   "双子星座"着陆

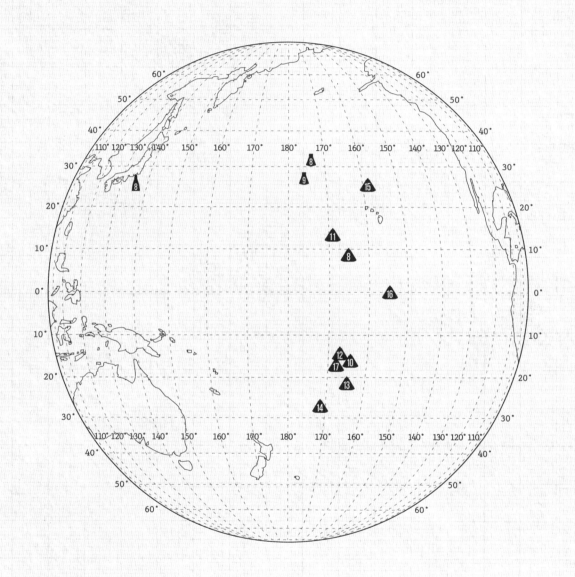

"水星－红石"着陆   "水星－阿特拉斯"着陆

"土星" 5 号运载火箭燃料消耗
SATURN V FUEL CONSUMPTION

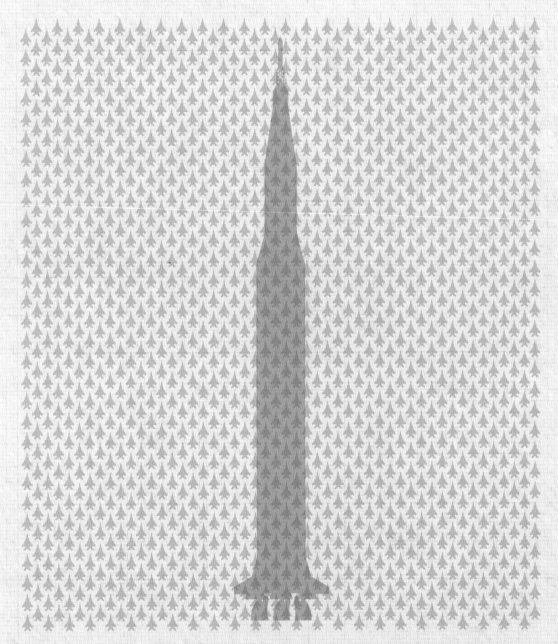

从发射开始，到火箭第一级燃烧期间，五台 F1 火箭发动机每秒燃烧大约 12000 千克航空燃料。
相当于 1500 架喷气战斗机加力燃烧的燃料消耗。喷气机用加力燃烧来达到最大速度，此时消耗最多燃料。

"阿波罗"宇航员出生地点
APOLLO ASTRONAUTS' BIRTH LOCATIONS

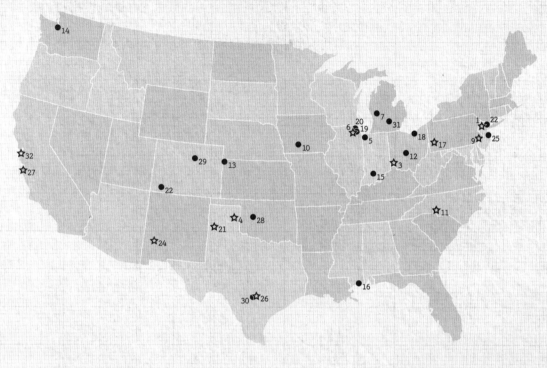

☆　"阿波罗"登月者　　　　　　　　　2 ● 香港
●　"阿波罗"宇航员　　　　　　　　　8 ● 意大利罗马

1．巴兹·阿尔德林	12．唐·埃斯利	23．沃尔特·施艾拉
2．威廉姆·安德斯	13．罗纳德·伊文思	24．哈里森·舒密特
3．尼尔·阿姆斯特朗	14．理查德·戈登	25．罗素·施威卡特
4．艾伦·比恩	15．维吉尔·格里森	26．大卫·斯各特
5．弗兰克·波尔曼	16．佛雷德·海斯	27．艾伦·谢泼德
6．尤金·瑟南	17．詹姆斯·艾尔文	28．托马斯·斯塔福德
7．罗杰·查菲	18．吉姆·洛威尔	29．杰克·斯威格特
8．迈克·柯林斯	19．肯·麦丁力	30．爱德华·怀特
9．皮蒂·康拉德	20．詹姆斯·麦克迪威特	31．阿尔弗莱德·沃尔登
10．沃尔特·坎宁安	21．埃德加·米切尔	32．约翰·杨
11．查尔斯·杜克	22．斯图亚特·卢萨	

地球和月球的规模
EARTH AND MOON TO SCALE

月球的形成
20 000 ~ 30 000 千米

据估计,月球在45.1亿年前形成,
比太阳系形成的时间晚一点。一
个行星大小的物体撞击了地球,
飞散的物质进入轨道,聚合形成
了月球。从此之后它就在渐渐远
离地球,目前的速度是每年3.8
厘米。

地球直径
12 742 千米

地球同步轨道
35 786 千米

卫星沿着赤道上空在这一距离的
轨道飞行,跟随地球自转,会保
持在天空中固定的位置。

范艾伦辐射带

因为地球磁场,带电粒子集中在
这些区域。它们保护地球大气免
遭太阳风或者宇宙辐射的摧毁。
它们精确的范围会随着太阳活动
而波动。

内辐射带
1000 ~ 6000 千米

外辐射带
13 000 ~ 60 000 千米

地球大气层 EARTH'S ATMOSPHERE

690 KM

S-IVB 和
"阿波罗"地球轨道
190 千米

80 KM

在中间层
燃烧的流星

50 KM

17 KM

指挥舱
展开降落伞
7 千米

民用飞机
12 千米

月球直径
3474 千米

月球近地点
363 360 千米

月球远地点
405 500 千米

和月球的平均距离
384 400 千米

外逸层

国际空间站
410 千米

热层

中间层

平流层

气象气球
30 千米

臭 氧 层

珠穆朗玛峰
8.8 千米

对流层

散逸层是大气层与太空的边界。分子减少，与太空的真空融为一体。

690 KM

虽然被认为是地球大气的一部分，但热层的空气密度极低；大部分都可以视作外太空。
温度在这里会剧烈变化，视太阳的活动而定。

80 KM

气温在中间层随着海拔降低，它的上边缘是大气层中最冷的区域。

50 KM

平流层占据了大约五分之一大气质量，和对流层不同，平流层的气温会随着海拔升高。
这是因为臭氧层会吸收太阳的辐射。

17 KM

大气层最低的一层对流层，包含着地球大气三分之一的质量，几乎所有的天气现象和云
都发生在这里。

太阳系中的其他卫星
THE SOLAR SYSTEM'S
OTHER MOONS

水星: 0

金星: 0

地球: 1

火星: 2

木星: 67

土星: 62

天王星: 27

海王星: 14

冥王星: 5

载人航天任务的宇航员
ASTRONAUTS ABOARD MANNED MISSIONS

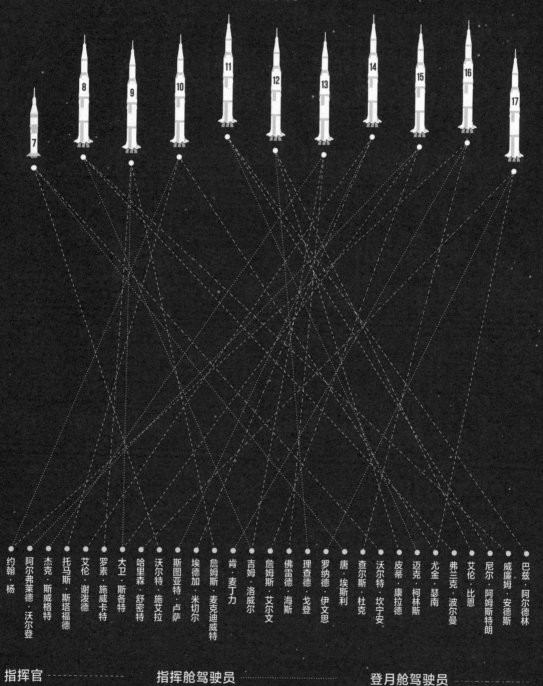

指挥官 ---------- 指挥舱驾驶员 ·········· 登月舱驾驶员 - - - - -

NASA 组织架构图
NASA ORGANISATION CHART

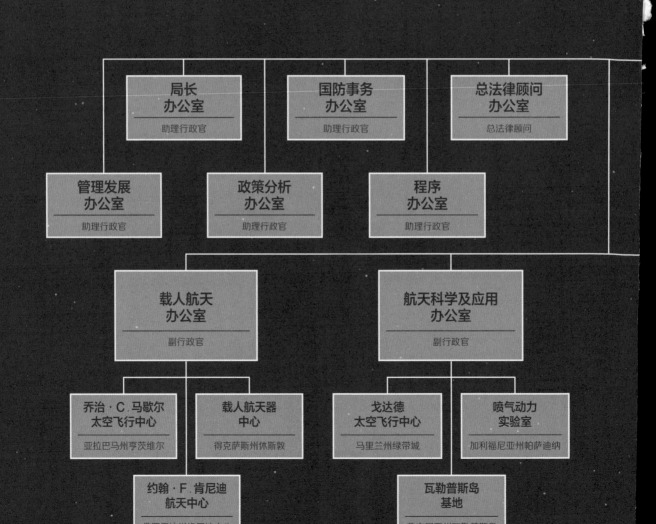

局长
办公室
助理行政官

国防事务
办公室
助理行政官

总法律顾问
办公室
总法律顾问

管理发展
办公室
助理行政官

政策分析
办公室
助理行政官

程序
办公室
助理行政官

载人航天
办公室
副行政官

航天科学及应用
办公室
副行政官

乔治·C.马歇尔
太空飞行中心
亚拉巴马州亨茨维尔

载人航天器
中心
得克萨斯州休斯敦

戈达德
太空飞行中心
马里兰州绿带城

喷气动力
实验室
加利福尼亚州帕萨迪纳

约翰·F.肯尼迪
航天中心

瓦勒普斯岛
基地

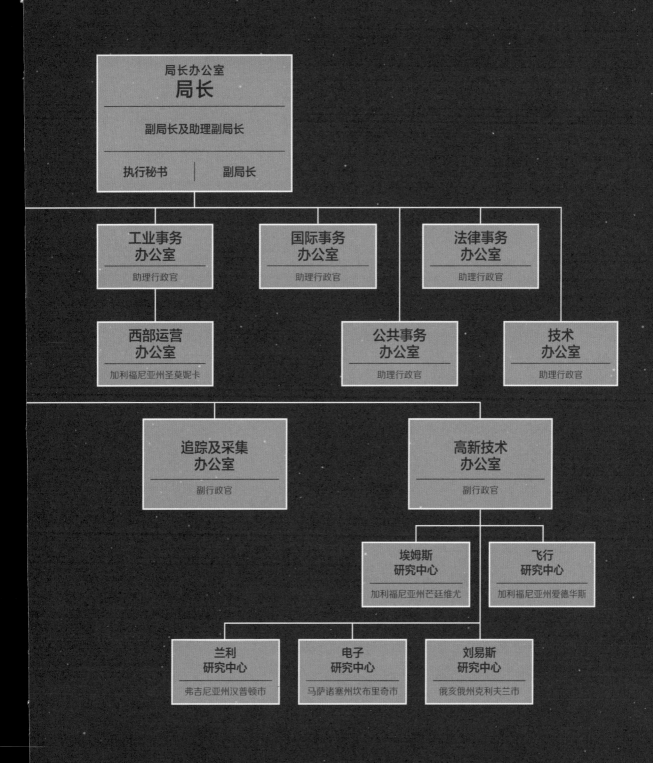

局长办公室
局长
副局长及助理副局长
执行秘书 | 副局长

工业事务
办公室
助理行政官

国际事务
办公室
助理行政官

法律事务
办公室
助理行政官

西部运营
办公室
加利福尼亚州圣莫妮卡

公共事务
办公室
助理行政官

技术
办公室
助理行政官

追踪及采集
办公室
副行政官

高新技术
办公室
副行政官

埃姆斯
研究中心
加利福尼亚州芒廷维尤

飞行
研究中心
加利福尼亚州爱德华斯

兰利
研究中心
弗吉尼亚州汉普顿市

电子
研究中心
马萨诸塞州坎布里奇市

刘易斯
研究中心
俄亥俄州克利夫兰市

NASA 计划预算 NASA BUDGET

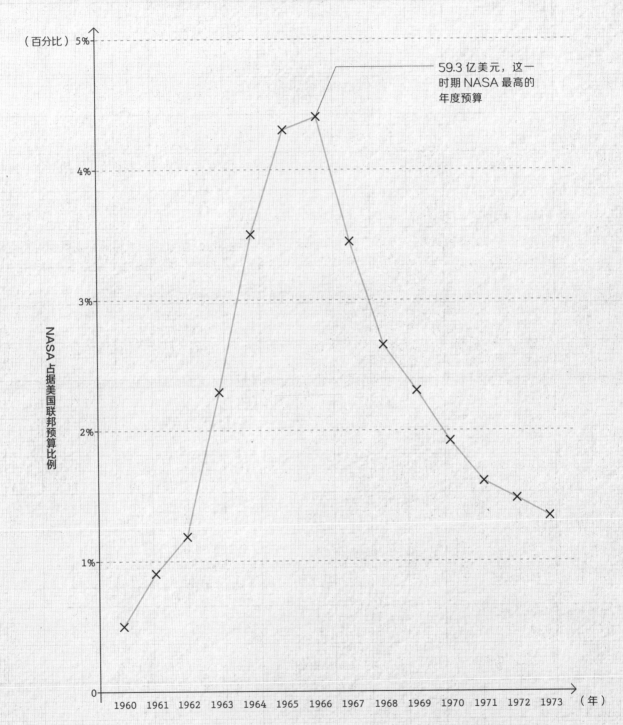

（百分比） 5%

NASA 占据美国联邦预算比例

59.3 亿美元，这一时期 NASA 最高的年度预算

4%

3%

2%

1%

0

1960 1961 1962 1963 1964 1965 1966 1967 1968 1969 1970 1971 1972 1973 （年）

"阿波罗"计划预算 APOLLO BUDGET

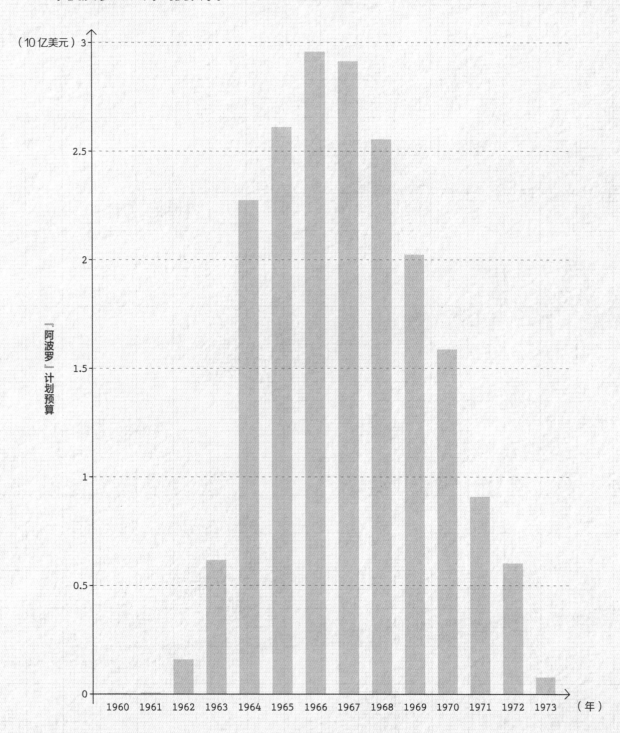

NASA 计划预算　NASA EMPLOYEES

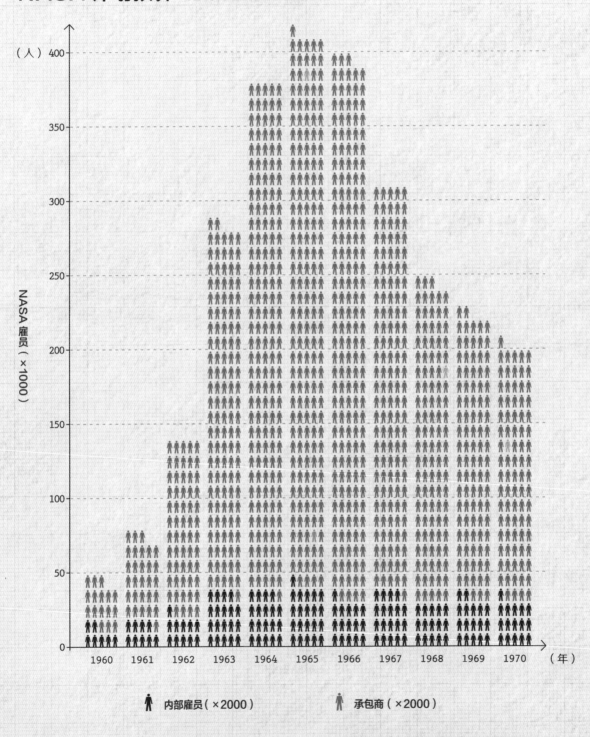

（人）400 ─

350 ─

NASA 雇员（×1000）

300 ─

250 ─

200 ─

150 ─

100 ─

50 ─

0 ─

1960　1961　1962　1963　1964　1965　1966　1967　1968　1969　1970　（年）

内部雇员（×2000）　　　承包商（×2000）

发动机能量
ENGINE POWER

F1 发动机

8 架波音 747 客机推力的总和

"阿波罗" / "土星" 5 号运载火箭零件的相对质量
RELATIVE MASS OF APOLLO/SATURN V COMPONENTS

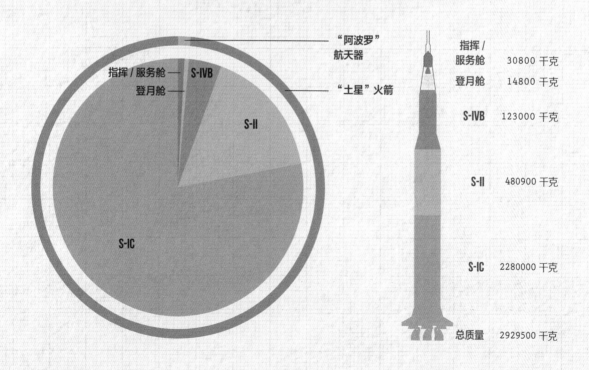

指挥 / 服务舱	30800 千克
登月舱	14800 千克
S-IVB	123000 千克
S-II	480900 千克
S-IC	2280000 千克
总质量	2929500 千克

火箭运输车速度对比
CRAWLER-TRANSPORTER SPEED COMPARISON

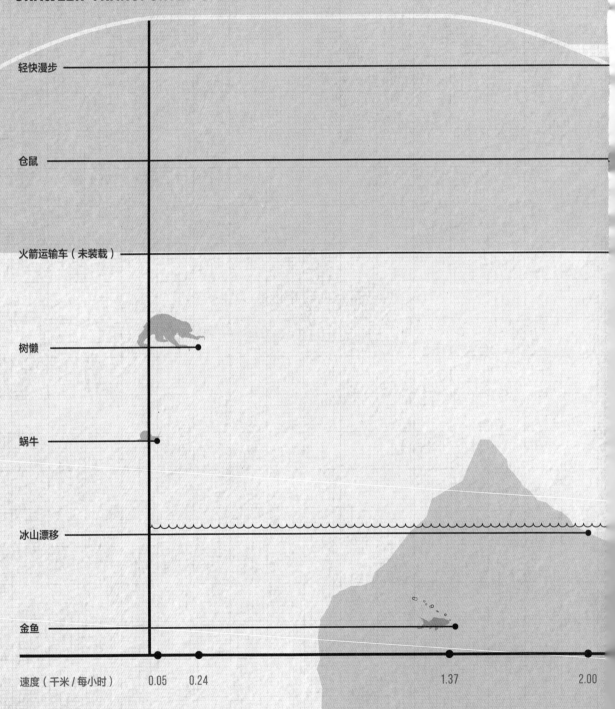

轻快漫步

仓鼠

火箭运输车（未装载）

树懒

蜗牛

冰山漂移

金鱼

速度（千米／每小时）　　　0.05　　0.24　　　　　　　　　　　1.37　　　　　　2.00

3.22   4.00   4.70

火箭运输车履带尺寸
CRAWLER-TRANSPORTER TRACK SIZE

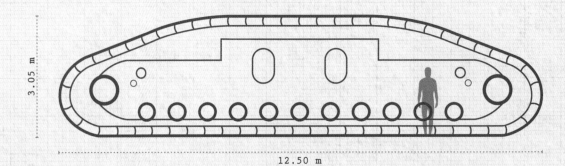

3.05 m

12.50 m

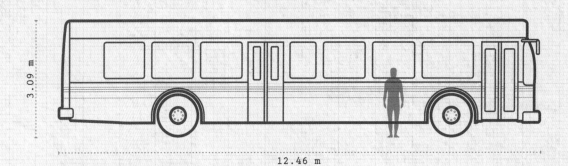

3.09 m

12.46 m

火箭运输车履带质量
CRAWLER-TRANSPORTER TRACK SHOE MASS

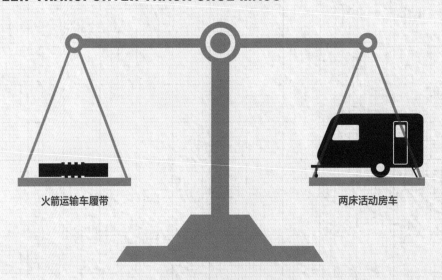

火箭运输车履带

两床活动房车

火箭运输车燃料效率
CRAWLER-TRANSPORTER FUEL EFFICIENCY

41.7 M

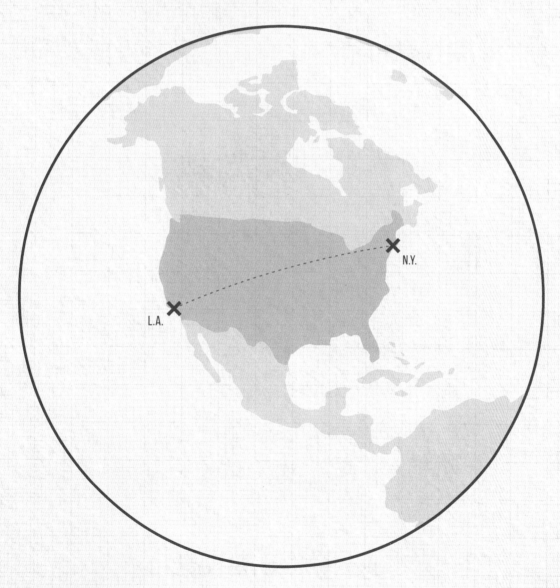

1 KM

火箭运输车每移动1千米使用296升燃料，相同的燃料可供一辆每加仑40英里油耗的汽车行驶5000千米以上，可以轻松地从纽约开到洛杉矶。

N.Y.

L.A.

航天器装配大楼容积
VEHICLE ASSEMBLY BUILDING VOLUME

航天器装配大楼的容积相当于一个半大的吉萨金字塔，或者 1500 个热气球的总和。

航天器装配大楼气候
VEHICLE ASSEMBLY BUILDING WEATHER

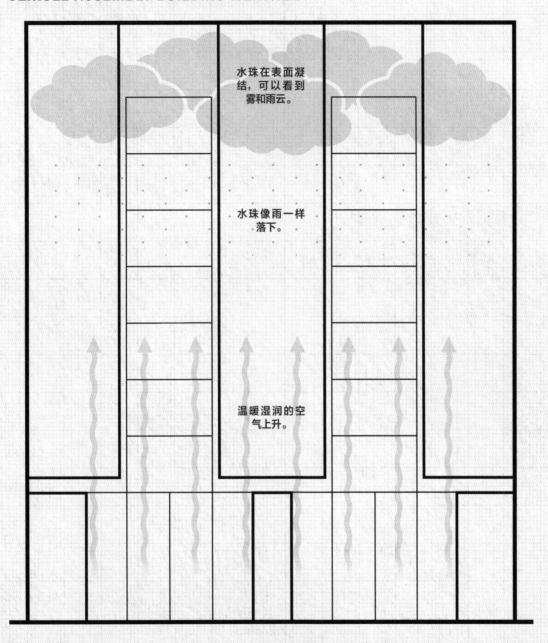

水珠在表面凝结,可以看到雾和雨云。

水珠像雨一样落下。

温暖湿润的空气上升。

航天器装配大楼太大,有了自己的气候。佛罗里达州气候湿润,特别是在潮湿的日子里,雨云会在天花板下面形成。

天空实验室飞行距离
SKYLAB – DISTANCE TRAVELLED

天 空 实 验 室 绕 地 飞
行 34981 次，总 距 离
140000000 千米。相当
于从地球到太阳距离的
9.36 倍。

"阿波罗"－联盟号地球轨道
APOLLO-SOYUZ – EARTH ORBITS

"阿波罗"－联盟号太空船对接了 1 天 23 小时 7 分钟，在此期间共飞行 1300000 千米，绕地 31 次。

月相
PHASES OF THE MOON

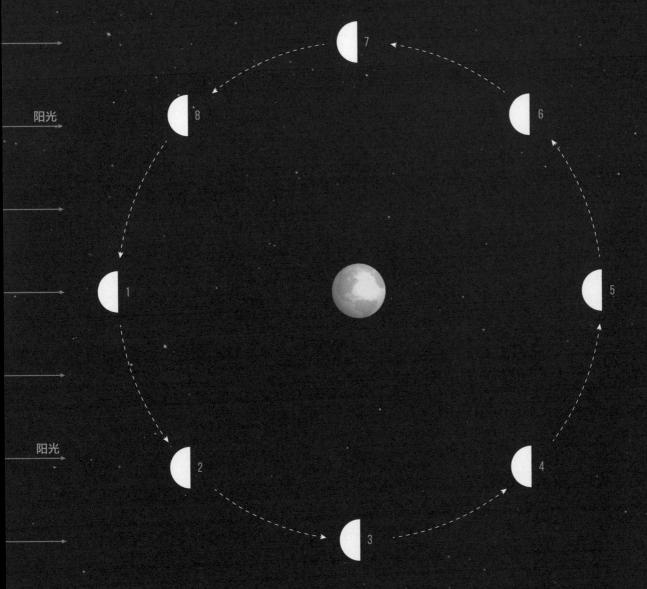

阳光

阳光

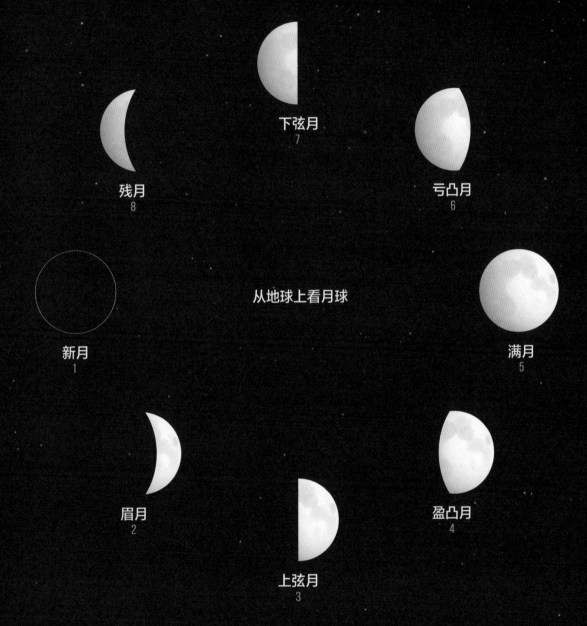

从地球上看月球

下弦月
7

残月
8

亏凸月
6

新月
1

满月
5

眉月
2

盈凸月
4

上弦月
3

索引 GLOSSARY

A7L 型宇航服 第 20 页

"阿波罗"航天员穿着的宇航服。

"阿波罗"月球表面实验包 ALSEP

全称：Apollo Lunar Surface Experiments Package

每一个实验包都是一组科学仪器，用于检测月球环境，从"阿波罗"12 号到 17 号，每次任务都部署了一台实验包。

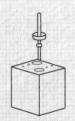

上升推进系统 APS 第 8 页

全称：Ascent Propulsion System

指令舱通信员 CAPCOM

全称：Capsule Communicator

是在任务指挥中心负责与宇航员通信的人。所有与任务成员的通话都由一个人完成，并且 NASA 认为这个人一定也要是一名宇航员，因为这样他才最能理解任务成员的处境，并更好地指引他们。

指挥舱 CM 第 4 页

全称：Command Module

火箭运输车 CRAWLER-TRANSPORTER 第24页

指挥 / 服务舱 CSM 第4页

全称：Command/Service Module

下降推进系统 DPS 第8页

全称：Descent Propulsion System

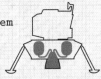

阻力 DRAG

当物体在大气层中移动时遭受的相反的力，来自空气
的摩擦，和运动的方向相反。

东部标准时间 EST

全称：Eastern Standard Time

格林尼治时间西部第五个时区。佛罗里达位于这个时区，所有
"阿波罗"任务都是从佛州发射的。

舱外活动 EVA

全称：Extra Vehicular Activity

在"阿波罗"飞船外部进行的任务，在轨道飞行中也
被称作"太空行走"。

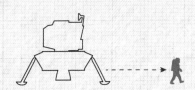

力 FORCE

对物体的推力或者拉力。当一个物体受力时，它会
沿着力的方向不断加速。力越大，加速越快。

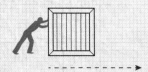

飞行地面时间 GET

全称：Ground Elapsed Time

从任务发射以来经过的总时间。

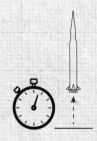

引力 GRAVITY

宇宙中的一切物体互相吸引的现象。它在无限的距
离中发挥作用，只不过随着距离增加，它的作用急
剧减小。

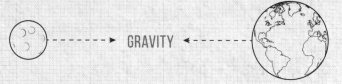

万向节 GIMBAL

一个装置，其中一部分可以沿至少一个轴转动。"土
星" 5 号运载火箭的 F1 火箭发动机安装在万向节上，
以便控制推力的方向。

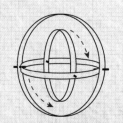

登月舱 LM 第 8 页

全称：Lunar Module

月球车 LRV 第 12 页
全称：Lunar Roving Vehicle

脐带式发射塔 LUT 第 28 页
全称：Launch Umbilical Tower

移动发射平台 MLP 第 28 页
全称：Mobile Launch Platform

国家航空航天局 NASA
全称：National Aeronautics and Space Administration

负责太空计划的美国联邦机构。

轨道 ORBIT
因为引力，一个物体围绕另一个物体运行的路径，这种路径可以是
圆形或者椭圆形的。

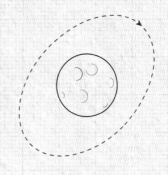

圆形轨道　　　　　　　　　　　椭圆轨道

轨道速度 ORBITAL VELOCITY

物体保持在轨道中运行需要的速度。如果太慢，物体就会坠落到它环绕的物体上，太快它就会脱离轨道并飞向太空。牛顿加农炮是一个展示这种现象的思想实验。

牛顿展示了一个在非常高的山上的加农炮，并且计算了不同速度下炮弹飞行的路线。

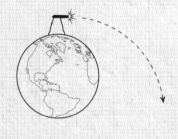

低速度   轨道速度   高速度

便携式生命维持系统 PLSS 第20页

全称：Portable Life Support System

雷达 RADAR

全称：Radio Detection and Ranging

无线电侦测与测距的缩写。这是一种用物体反射的电磁波侦测物体的系统，可以检测到物体的距离、速度和角度。

反应控制系统 RCS 第4页，第8页

全称：Reaction Control System

返回大气层 RE-ENTRY

任务中指挥舱进入大气层返回地球的时刻，摩擦力和飞行速度会使飞船周围产生极高的温度。

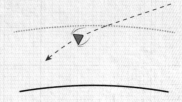

卫星 SATELLITE

一个位于轨道中绕其他天体飞行的物体，可能是人造的，例如我们用来中继无线电信号的卫星，也可能是天然的，例如月亮。

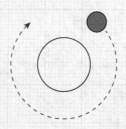

科学设备舱 SIM

全称：Scientific Instrument Module

安装在"阿波罗"15号服务舱的第一部分中，它包含月球轨道探测器、相机、胶片和小卫星。

服务舱 SM 第4页

全称：Service Module

服务推进系统 SPS 第5页

全称：Service Propulsion System

月地转移 TEI

全称：Trans-Earth Injection

指挥／服务舱离开月球轨道返回地球时进行的技术动作。服务舱推进系统会点火，获得足够的速度将飞船送入朝向地球的轨迹。

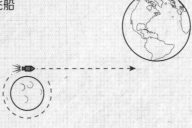

穿越引力实验 TGE

全称：Traverse Gravimeter Experiment

这个设备可以精确测量月球的引力，获得的发现会帮助科学家了解月球的地质构造。

推力 THRUST

推动飞行器或火箭在大气层或太空中飞行的力。

地月转移 TLI

全称：Trans-Lunar Injection

"土星" 5 号运载火箭第三级执行的技术动作，点火并将 "阿波罗" 飞船带离地球轨道，驶向月球。

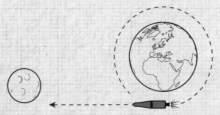

轨迹 TRAJECTORY

物体飞向太空的路径。

协调世界时 UTC

全称：Coordinated Universal Time

这一时间在全世界作为标准时使用。它等同于格林尼治时间（Greenwich Mean Time，GMT），但和英国夏令时无关。

航天器装配大楼 VAB 第30页

全称：Vehicle Assembly Building

偏摆，俯仰和翻滚 YAW, PITCH AND ROLL

航空或航天领域关于三轴旋转的定义，表示旋转的角度和方向。

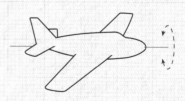

偏摆   俯仰   翻滚

扎克里·伊恩·斯科特
ZACHARY IAN SCOTT

出生：
1982年9月6日
英格兰切尔西

　　扎克在二十岁时加入皇家空军，担任飞行技师多年。退役后，在将毕生精力投入设计领域之前，他参与过高速列车的工作。扎克在2013年得到设计学位，曾经加入多家公司工作，同时利用业余时间写作他的第一本书《阿波罗》。扎克爱好科学，喜欢用图形的方式让复杂的思想变得简单易懂。

资料
SOURCES

书

Apollo: The Epic Journey to the Moon, 1963-1972, by David West Reynolds
Zenith Press, 2002

Apollo 13 Owner's Workshop Manual, by David Baker
Haynes Publishing, 2013

Apollo by the Numbers: A Statistical Reference, by Richard W. Orloff
Createspace, 2013

NASA's Moon Program: Paving the Way for Apollo 11, by David M. Harland
Springer, 2009

NASA Saturn V Owner's Workshop Manual, by W. David Woods
Haynes Publishing, 2016

网站

http://www.history.nasa.gov/apollo
链接了许多关于"阿波罗"计划的页面,分为两部分:属于 NASA 的网页和其他不属于
NASA 的网页。

http://www.nasa.gov/mission_pages
所有任务的概况,由 NASA 发布。

http://www.airandspace.si.edu/topics/apollo-program
展示了许多"阿波罗"相关的人工制品和纪念品,还有航天员访谈,与计划有关的科学,
以及一些幕后故事。

http://www.apolloarchive.com
大量"阿波罗"计划照片、通信录音和影像资料,以及推荐的文学作品链接。

月球着陆任务飞行计划
LUNAR LANDING MISSION FLIGHT PLAN

3 三级火箭会燃烧一小部分燃料，将飞船送入地球轨道，达到 190 千米海拔，速度为 28000 千米每小时。这次燃烧会持续 165 秒。

2 级间环分离，第二级火箭点火，发射逃逸系统分离。第二级火箭燃烧约 6 分 30 秒，将宇航员带到海拔 175 千米，速度达到 24600 千米每小时，之后二级火箭分离。

1 第一级火箭自发动后燃烧 168 秒，加速到 9200 千米每小时。在海拔 68 千米处关闭发动机，第一级火箭分离。

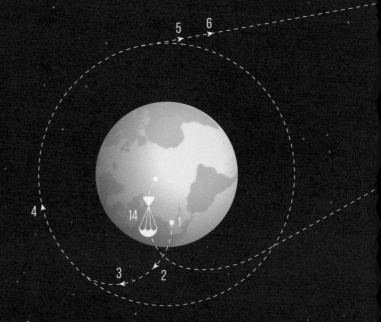

到目前为止，在外太空中还不存在纠纷，不存在偏见，不存在国家冲突。太空对于我们所有人都是凶恶危险的，征服太空值得人类全力以赴，而和平合作的机会可能不会再来。但是有人会问，为什么，为什么是月球？为什么选择那里作为目标？他们自然还会问，为什么要攀登最高的山峰？为什么，在35年前要飞越大西洋？……

……我们选择登月！我们选择在这个十年登上月球并实现其他目标，不是因为它们简单，而是因为它们艰难。因为这个目标会让我们竭尽所能组织和衡量我们的能力与技能。因为这个挑战正是我们乐于接受的，正是我们不愿推迟的，是我们一定要胜利的。

肯尼迪总统 1962年9月12日

7 飞往月球的旅程耗时近三天。这个阶段，SPS 发动机用于保持飞船航行。接近月球时，指挥 / 服务舱和登月舱连在一起旋转 180 度。

8 到达月球时，SPS 发动机点火让飞船减速。飞船进入椭圆轨道，之后 SPS 发动机再次点火将飞船送入距月球表面 110 千米的圆形轨道。

9 两名机组成员从指挥舱进入登月舱。他们启动系统，部署登陆装置，并和指挥 / 服务舱脱离。降落级发动机推动登月舱进入更低的轨道，距月球表面 15 千米。之后降落级发动机再次点火开始降落在月球表面，指挥官负责降落的最后阶段。

10 机组成员完成探索回到登月舱后，上升级发射，利用降落级作为发射平台。登月舱上升级在月球轨道上再次和指挥 / 服务舱对接，船员携带月岩标本回到指挥 / 服务舱。

11 登月舱上升级和指挥 / 服务舱分离，SPS 发动机推动它们离开月球轨道进入返地航程，这叫作月地转移轨道（Trans-Earth Injection, TEI）。

12 在之后的任务中，返程时一名宇航员会在深空间中进行太空行走。这是为了取回在服务舱外部隔室中曝光的胶片。

13 在返回之前，服务舱分离并在地球大气层中烧毁。指挥舱旋转将钝的一头朝前并开始减速。

14 降落伞打开，在落地前继续为指挥舱减速。由美国海军的船只回收宇航员。

4 进入地月转移轨道（Trans-Lunar Injection, TLI），飞行一圈半后，第三级再次点火，燃烧掉剩余的燃料。这将推进飞船达到 37000 千米每小时，并驶向月球。

5 当第三级火箭关闭，保护登月舱的护罩分离，同时释放指挥／服务舱。指挥／服务舱分离一定距离后旋转 180 度。

6 指挥／服务舱飞行并与暴露的登月舱对接，两艘飞船停靠在一起。之后飞船脱离第三级火箭。

7

13